molecule because of the triplet property of the C–H₂
part of the electronic system in the transition complex.

On the other hand, the contributions of all the π-electrons in the molecule must, in general, be taken into account on the occasion of chemical reaction. From this point of view, we come to the second way of understanding. When it is assumed that in the electronic interaction with an electrophilic attacking reagent the highest occupied π-orbital would always act as *attractive* and the other π-orbitals as *repulsive*, it can be expected that the formation of a transition complex at the position of the largest *frontier* electron density might be preferred in consequence of the resultant effect of all π-electrons, in either attractive or repulsive orbitals, upon the potential energy of the whole system in the process of formation of the transition complex. In another expression, this way of understanding consists

APPENDIX. SYMMETRY GROUP AND MODES OF REDUCTION OF SECULAR EQUATIONS.*

Compounds	Symmetry group	Modes of reduction of secular equations
Benzene	D_6	$\Gamma(\psi)=\Gamma A_1+\Gamma B_1+\Gamma E_1+\Gamma E_2$
Coronene	D_6	$\Gamma(\psi)=3\cdot\Gamma A_1+\Gamma A_2+\Gamma B_2+3\cdot\Gamma B_1+4\cdot\Gamma E_1+4\cdot\Gamma E_2$
Triphenylene	D_3	$\Gamma(\psi)=3\cdot\Gamma A_1+3\cdot\Gamma A_2+6\cdot\Gamma E$
Anthracene	D_2	$\Gamma(\psi)=4\cdot\Gamma A_1+3\cdot\Gamma B_1+3\cdot\Gamma B_2+4\cdot\Gamma B_3$
Naphthacene	D_2	$\Gamma(\psi)=5\cdot\Gamma A_1+4\cdot\Gamma B_1+4\cdot\Gamma B_2+5\cdot\Gamma B_3$
Naphthalene	D_2	$\Gamma(\psi)=3\cdot\Gamma A_1+2\cdot\Gamma B_1+2\cdot\Gamma B_2+3\cdot\Gamma B_3$
Pentacene	D_2	$\Gamma(\psi)=6\cdot\Gamma A_1+5\cdot\Gamma B_1+5\cdot\Gamma B_2+6\cdot\Gamma B_3$
Perylene	D_2	$\Gamma(\psi)=5\cdot\Gamma A_1+4\cdot\Gamma B_1+5\cdot\Gamma B_2+6\cdot\Gamma B_3$
Pyrene	D_2	$\Gamma(\psi)=4\cdot\Gamma A_1+3\cdot\Gamma B_1+3\cdot\Gamma B_2+5\cdot\Gamma B_3$
3,4-Benzo-phenanthrene	C_2	$\Gamma(\psi)=10\cdot\Gamma A+8\cdot\Gamma B$
1,2-Benzopyrene	C_1	$\Gamma(\psi)=10\cdot\Gamma A+10\cdot\Gamma B$
3,4,5,6-Dibenzo-phenanthrene	C_2	$\Gamma(\psi)=11\cdot\Gamma A+11\cdot\Gamma B$
Phenanthrene	C_2	$\Gamma(\psi)=7\cdot\Gamma A+7\cdot\Gamma B$
Picene	C_2	$\Gamma(\psi)=11\cdot\Gamma A+11\cdot\Gamma B$
Chrysene	C_2	$\Gamma(\psi)=9\cdot\Gamma A+9\cdot\Gamma B$

* $\Gamma(\psi)$: reducible representation, ΓA, ΓB, ···: irreducible representations of characters A, B, ···.

化学家月历

加古里子的化学趣史

[日]加古里子 著
高远 译

道尔顿
John Dalton
1766.9.6~1844.7.27

本书内容

Ⓐ 本月的化学家、本月取得的化学成就

Ⓑ 科学年表、科学的历史

Ⓒ 花中化学、寻味之旅

Ⓓ 化学小剧场

中国友谊出版公司

花中化学、寻味之旅

酸橙

酸橙：橙皮中含有的柠檬烯、橙皮苷、橙皮内酯是酸橙气味的来源。

草绳装饰

本 月 的 化 学 家

将热情倾注于祖国和学术的化学家

坎尼扎罗出生在西西里岛，即使在热情的意大利人中，他也属于极具热情的类型。他是一个有勇气大胆践行他认为正确的事情的人，并且敢为人先，做事全力以赴，还具备极强的责任感，不会胡乱行事。

1848 年，意大利还处在奥地利的控制之下，22 岁的坎尼扎罗参与了意大利独立战争，表现十分活跃。

但是战争失败，此后他只好流亡法国，转而将这份热情投入到对化学的学习中。

4 年后，他回到意大利担任大学教师，随后发现了被后人称作"坎尼扎罗反应"* 的新的化学反应。在准备教案时，他发现了阿伏伽德罗写的有关分子的论文 **，那篇论文在当时还鲜为人知。在参加再次爆发的独立战争期间，他也挤出时间进行研究创作，

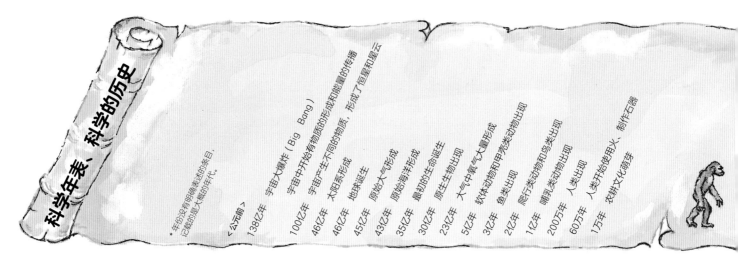

科学年表、科学的历史

* 年份没有明确标注出诞生的日期，记载的是大概的年代。

〈公元前〉
138亿年　宇宙大爆炸（Big Bang）
100亿年　宇宙中开始有物质的形成和能量的传播
46亿年　宇宙产生不同的物质，形成了恒星和星云
46亿年　太阳系形成
45亿年　地球诞生
43亿年　原始大气形成
35亿年　原始海洋形成
30亿年　最初的生命诞生
23亿年　原生生物出现
5亿年　大气中氧气大量形成
3亿年　软体动物和甲壳类动物出现
2亿年　鱼类出现
1亿年　爬行类动物和鸟类出现
2亿年　哺乳类动物出现
200万年　人类出现
60万年　人类开始使用火、制作石器
175万年　恐龙灭绝化成

饼花 ***

年糕：糯米蒸到 70℃，粳米蒸到 65℃，原本食用后不能被消化的 β（贝塔）－淀粉会分解为可被消化的 α（阿尔法）－淀粉。

屠苏酒：多种草本中药材浸泡而成的甜料酒、饮用酒。

并于 1860 年 9 月在国际化学家代表会议上发表《化学哲学教程概要》，将同样来自意大利的前辈阿伏伽德罗推向了世界舞台。

阿伏伽德罗

出生于意大利，1820 年成为都灵大学的物理学教授。虽然早在 1811 年，他就发表了有关于分子的重要假说，但是在坎尼扎罗发现之前，该假说都没能引起学界的重视。

1776.8.9 ～ 1856.7.9
Amedeo Avogadro

坎尼扎罗

基于阿伏伽德罗的思路，坎尼扎罗弄清了许多物质的反应，其主要贡献在于有机化学的研究。

1826.7.13 ～ 1910.5.10
Stanislao Cannizzaro

意大利独立战争胜利、国家统一后，这位深爱祖国和学术的化学家，热情饱满地在罗马大学继续从事着教学工作。此时坎尼扎罗已在化学的历史长河中留下了自己的赫赫大名。

* 著名的有机反应之一。

** 1811 年，阿伏伽德罗发表了有关"同温同压下，相同体积的任何气体含有相同的分子数"定律的论文。

*** 吊在柳枝上的各种形状的年糕片。在日本多用于正月室内或神龛的装饰。——译者注

★ 本书第一版出版时，坎尼扎罗的生日据考证为 1 月 13 日，但后来被更正为 7 月 13 日。

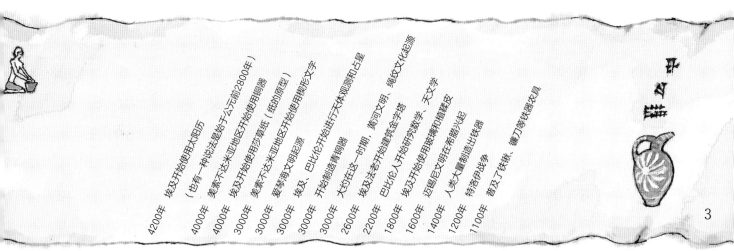

4200年	4000年	4000年	3000年	3000年	3000年	3000年	3000年	2600年	2200年	1800年	1600年	1400年	1200年	1100年
埃及开始使用太阳历	（也有一种说法是始于公元前2800年）	美索不达米亚地区开始使用铜器	美索不达米亚地区开始使用莎草纸（纸的原型）	苏美尔文明起源	埃及、巴比伦文明起源	开始制造青铜器	大约在这一时期，黄河文明、绳纹文化起源	埃及法老开始建筑金字塔、天文学	巴比伦人开始研究数学、天文学	埃及开始使用玻璃制品	迦勒底文明在希腊兴起	人类大量制造出铁器	特洛伊战争、镰刀等铁器农具	普及了铁锹、镰刀等铁器农具

花中化学、寻味之旅

梅花：芳香来自苯甲醛、苯甲醇等物质。

莺

撒豆驱邪

大豆：富含蛋白质和脂肪，还含有维生素 B₁、B₂。

出生在 2 月的科学家

2 日 J.B.J.D. 布森戈（1802，法国）研究植物中的氮和碳
3 日 P. 基陶伊拜尔（1757，匈牙利）发现元素 Te（碲）
5 日 F.P. 特勒威尔（1857，瑞士）分析化学家
7 日 W. 哈根斯（1824，英国）将光谱分析应用于太阳、恒星的研究
7 日 志贺洁（1871，日本）细菌学家
8 日 D.I. 门捷列夫（1834，俄国）制作出元素周期表
8 日 B. 库尔图瓦（1777，法国）发现元素 I（碘）
9 日 J.L. 莫诺（1910，法国）分子生物学家
10 日 P.T. 克莱夫（1840，瑞典）陆续发现元素 Tm（铥）、Ho（钬）等
11 日 J.W. 吉布斯（1839，美国）研究相律、吸附、化学热力学
11 日 佐久间象山（1811，日本）日本江户时代末期的兵法家
12 日 P.L. 杜隆（1785，法国）研究比热容
13 日 H. 卡罗（1834，德国）合成了色素
14 日 C.T.R. 威尔逊（1869，英国）发明云雾室
15 日 H.K.A.S. 奥伊勒-凯尔平（1873，瑞典）研究发酵
16 日 H.P.J.J. 汤姆森（1826，丹麦）研究化学热力学
17 日 F.K. 拜尔施泰因（1838，俄国）出版《拜尔施泰因有机化学手册》
18 日 A. 伏打（1745，意大利）发明了伏打电堆
19 日 G.S.C. 基希霍夫（1764，俄国）研究淀粉的分解
19 日 S.A. 阿雷纽斯（1859，瑞典）提出电离理论
20 日 L. 波尔茨曼（1844，奥地利）研究热力学
21 日 C. 奥本海默（1874，德国）进行酶的化学性质研究
22 日 J.C.A. 佩尔蒂埃（1785，法国）发现佩尔蒂埃效应
23 日 C.T. 利伯曼（1842，德国）合成染料茜素
24 日 K. 格雷贝（1841，德国）研究染料茜素的构造
25 日 P.A.T. 莱文（1869，美国）研究脱氧核糖核酸（DNA）
26 日 A. 波美（1728，法国）发明波美比重计
27 日 中村诚太郎（1913，日本）研究基本粒子
28 日 L.C. 鲍林（1901，美国）研究化学键、分子构造
28 日 K.E. 贝尔（1792，俄国）研究哺乳类动物的胚胎

本月的化学家

在互相协助下
发现了新元素的化学家们

1789 年，匈牙利的植物学家基陶伊拜尔在分析矿石的过程中，发现了此前不为人知的物质。随后，基陶伊拜尔给当时在德国化学界颇负盛名的克拉普罗特送去了论文和资料。

基陶伊拜尔

布达佩斯大学化学和植物学教授。他的主要贡献是制造出用于漂白布料的固体漂白粉等。

1757.2.3 ~ 1817.12.13
Paul Kitaibel

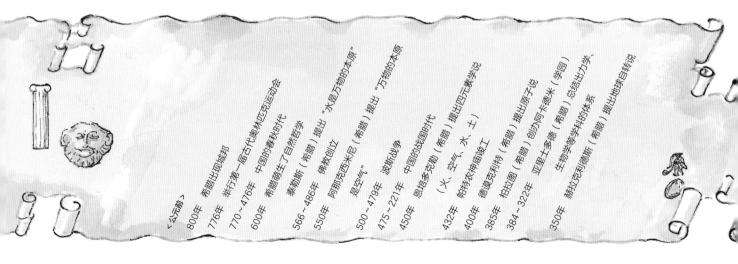

<公元前>
800年　希腊出现城邦
776年　举行第一届古代奥林匹克运动会
770~476年　中国的春秋时代
600年　希腊萌生了自然哲学
566~486年　释迦牟尼（希腊）提出"水是万物的本原"
550年　阿那克西米尼（希腊）提出"万物的本原是空气"
500~479年　波斯战争
475~221年　中国的战国时代
450年　恩培多克勒（希腊）提出四元素学说
432年　德谟克利特（希腊）创立阿卡德米（学园）
400年　帕特农神庙竣工
385年　柏拉图（希腊）创立阿卡德米（学园）
384~322年　亚里士多德（希腊）总结出力学、生物学等学科的体系
350年　赫拉克利德斯（希腊）提出地球自转说

山茶：红色来自花青素。

红酒

汤

水仙：黄色来自类胡萝卜素中的叶黄素。

绣眼鸟

克拉普罗特查阅了当时的资料。让他没想到的是，在 7 年前，也就是 1782 年，瑞士的矿山检察员米勒进行过相同的研究，并将资料送到了别的学者手中，但是到此时为止，还没有确认发现的是新物质。

克拉普罗特认为上述两人发现的是一种新元素，并于 1798 年将其命名为"碲"。

克拉普罗特

15 岁开始在药房当学徒，历经奋斗成为著名化学家。克拉普罗特凭借他出色的分析技术，发现了许多新元素。

1743.12.1 ~ 1817.1.1
Martin Heinrich Klaproth

在第二年，也就是 1799 年，该元素被提取出来，其性质也被研究透彻。

化学物质的发现和研究是许多人前赴后继、开拓进取、相互帮助的成果，是众人的努力和智慧的结晶。

米勒

米勒最初主攻法律和哲学，随后投身于矿物学和化学的研究。他有过矿山检察员的经历，曾被维也纳宫廷招用，后被封为男爵。

1740.7.1 ~ 1825
Franz Joseph Müller

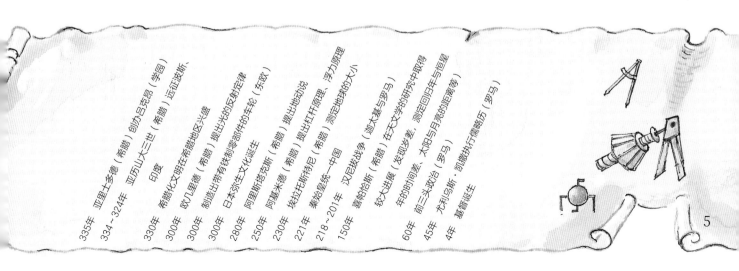

335年　亚里士多德（希腊）创办吕克昂（学园）

334~324年　亚历山大三世（亚历山大帝）远征波斯、印度

330年　希腊化文明在希腊地区兴盛

300年　欧几里德（希腊）提出光的反射定律

300年　制造出带有扶刺制零部件的车轮（东欧）

280年　日本弥生文化诞生

250年　阿里斯塔克斯（希腊）提出地动说

230年　埃拉托斯特尼（希腊）测定地球的大小

221年　秦始皇统一中国

218~201年　汉尼拔战争（迦太基与罗马）

150年　喜帕恰斯（希腊）发现岁差，较大进展，太阳与月亮的距离等

60年　前三头政治（罗马）

45年　尤利乌斯·凯撒改行儒略历（罗马）

4年　基督诞生

桃花：桃色来自花青素。

阿拉伯婆婆纳

蜂斗菜

问荆

3月

本月取得的化学成就

隐藏着失意与荣光的
　　　　苯环结构纪念仪式

库珀

他最初学习哲学和古典学，后转为研究化学。在他去世 50 年之后，经克库勒的弟子安舒茨介绍，他的成就才被世人认识。

1831.3.31 ～ 1892.3.11
Archibald Scott Couper

1858 年，两位年轻人孜孜不倦地进行着相似的研究，一位是只有 27 岁的英国人库珀，另一位是 29 岁的德国人克库勒。

库珀希望将他对于碳化合物的全新认识以论文的形式公布于众。但是这个想法过于大胆，在当时与长期以来的认识截然不同，所以导师不允许他发表这一论文。

然而没过多久，克库勒在德国的学会上发表了内容相似的论文。世界各地了解到这一研究成果的化学家，面对这个全新的想法，都感到惊讶不已，该研究立刻成为热门话题。

目睹了克库勒取得的光辉成就，库珀带着一言难尽的苦闷心情黯然回到故乡。最终他由于严重中暑引发了精神病，凄凉而终。

在德国，克库勒为了更深入探究碳化合物的结构，不惜牺牲睡眠时间，夜以继日刻苦钻研。

1865 年的一天，克库勒苦苦思索由 6 个碳原子和 6 个氢原子构成的苯链的结构式时，打起了瞌睡。在睡梦中，他看见一条蛇咬住了它自己的尾巴。正是受到梦境中这一场景的启发，克库勒得出了苯的环状结构式，并于 3 月 11 日在学会上做了报告。克库勒推导出的苯的结构式十分简洁、易于表述，很快得到人们的广泛使用。

1965 年 3 月 11 日是克库勒提出苯结构

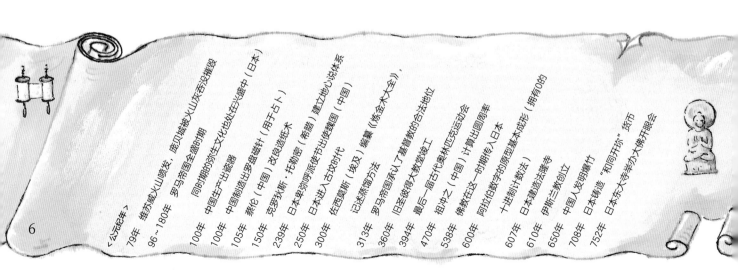

〈公元纪年〉

79年　维苏威火山喷发，庞贝城被火山灰也没掩埋

96～180年　罗马帝国全盛时期

100年　中国生产出瓷器

100年　中国制造出罗盘磁针（用于占卜）

105年　蔡伦（中国）改良造纸术

150年　克罗狄斯·托勒密（希腊）建立地心说体系

239年　日本卑弥呼派遣使节出使魏国（中国）

250年　日本进入古坟时代

300年　佐西麦斯（埃及）编纂《炼金术大全》

313年　罗马帝国承认了基督教的合法地位

360年　旧圣彼得大教堂竣工

394年　最后一届古代奥林匹克运动会

470年　祖冲之（中国）计算出圆周率

538年　佛教在这一时期传入日本

600年　阿拉伯数字的原型基本成形（拥有0的）

607年　十进制计数法

607年　日本建造法隆寺

610年　伊斯兰教创立

650年　中国人发明爆竹

752年　日本铸造 “和同开珎” 货币

752年　日本东大寺举办大佛开眼会

贝类：味道主要来自琥珀酸。

蛤蜊　　花蚬　　赤贝

蒲公英：黄色来自蒲公英黄色素。

风信子：蓝色、紫色来自风信子花色素。气味来自苯乙醛。

式 100 周年的纪念日，德国化学会为了纪念这一特殊的日子，在柏林举办了一场盛大的苯环结构纪念仪式。

　　现如今，即便是工作与化学无关的人，也熟知这个六边形结构，这一结构式也成为化学的象征，被人们广泛使用。

克库勒

克库勒的父亲希望他成为建筑师，克库勒不顾父亲反对，毅然迈进化学的研究领域。他发现的碳化合物成为此后有机化学的基础。据传，他经常做有关原子的梦。

1829.9.7 ~ 1896.7.13
Friedrich August
Kekulé Von
Stradonitz

苯的结构式

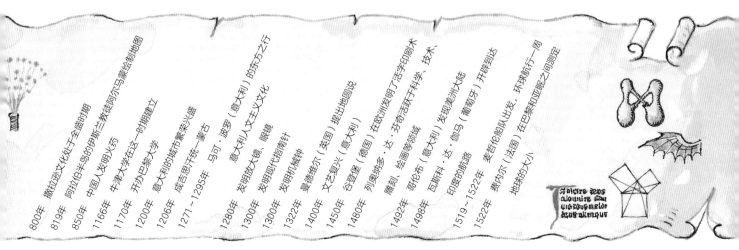

800年　撒拉逊文化处于全盛时期
819年　阿拉伯半岛的伊斯兰教纯阿尔哈蒙绘制地图
850年　中国人发明火药
1166年　牛津大学在这一时间建立
1170年　开办巴黎大学
1200年　意大利的城市繁荣兴盛
1206年　成吉思汗统一蒙古
1271~1295年　马可·波罗（意大利）的东方之行
1280年　意大利人文主义兴盛
1300年　发明放大镜、眼镜
1300年　发明时代指南针
1322年　发明机械钟
1400年　曼德维尔（英国）提出地圆说
1450年　文艺复兴（意大利）
1450年　谷腾堡（德国）在欧洲发明了活字印刷术
1480年　列奥纳多·达·芬奇活跃于科学、技术、雕刻、绘画等领域
1492年　哥伦布（意大利）发现美洲大陆
1498年　瓦斯科·达·伽马（葡萄牙）开辟到达印度的航路
1519~1522年　麦哲伦的船队出发，环球航行一周
1522年　费尔（法国）在巴黎和瓦隆之间测定地球的大小

3月

紫花地丁
莲花
小苍兰
藏红花

三色堇：黄色来自紫黄素，紫色和黑色来自堇菜苷。

开采石油、开创石油工业的
技术大师

德雷克出生于美国一户贫苦农家，为了生计，他从 19 岁开始就在各行各业打拼。

然而，长期的剧烈劳动使他的身体不堪重负。德雷克在 38 岁时不得不放弃原本的工作，进入石油公司，此后他专注于石油的挖掘开采工作。尽管遭到了许多人的嘲笑讥讽，他还是凭借着不懈努力和冥思苦想，发明出了打入铁质管的钻井采油法。在 1859 年，他选取了易开挖的地点，成功从地下深处钻探出石油。

产出石油的城镇迅速繁荣起来，同时人们竞相钻探石油来谋取财富。德雷克希望所有人都能够使用自己想出的方法，所以他根本没有想过垄断采油法的专利来谋求钱财，只是照常领取公司发放的工资。石油工业借此机会蓬勃发展。

此后，德雷克事业遭遇挫败，他一夜之间失去了所有的财产。

又因为生病，德雷克再也无法继续工作，他只能拿着政府发放的退休金和石油业给的抚恤金，在贫困潦倒中度过余生，最终在 61 岁时病逝。

德雷克的一生可以说如戏剧般一波三折，颇具悲剧色彩。

德雷克

德雷克在 1859 年钻探出的 69 英尺（约 21 米）深的油井，作为世界上第一口油井被永久纪念。

1819.3.29 ～ 1880.11.8
Edwin Laurentine Drake

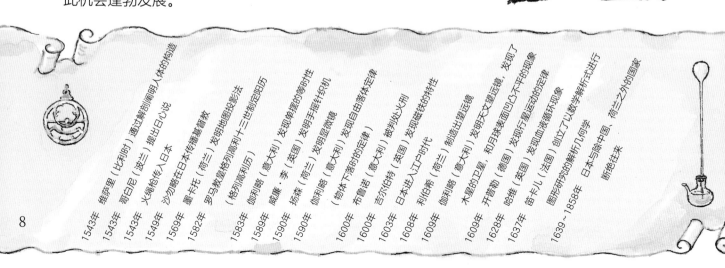

1543年 维萨里（比利时）通过解剖阐明人体的构造

1543年 哥白尼（波兰）提出日心说

1543年 火绳枪传入日本

1549年 沙勿略在日本传播基督教

1569年 墨卡托（荷兰）发明地图投影法

1582年 罗马教皇格列高利十三世制定的历（格列高利历）

1583年 伽利略（意大利）发现单摆的等时性

1589年 威廉·李（英国）发明手摇针织机

1590年 扬森（荷兰）发明显微镜

1590年 伽利略（意大利）发现自由落体定律（物体下落的定律）

1600年 布鲁诺（意大利）被判处火刑

1600年 吉尔伯特（英国）发现磁极我的特性

1603年 日本进入江户时代

1608年 利伯希（荷兰）发明望远镜

1609年 伽利略（意大利）发明天文望远镜，发现了木星的卫星、和月球表面凹凸不平的现象

1628年 开普勒（德国）发现行星运动的定律

1637年 哈维（英国）发现血液循环现象

1639～1858年 笛卡儿（法国）创立了以数学解析形式进行图形研究的解析几何学 日本与除中国、荷兰之外的国家断绝往来

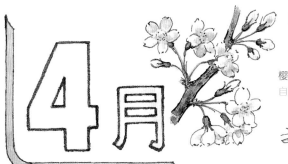

4月

樱花：颜色来自花青素。香味来自香豆素。

食蚜蝇

樱花饼：樱花叶的芳香来自安息香醛和香豆素。

本月的化学家

DNA 三人组

人类和其他生物的细胞中，都包含 DNA* 这种极为复杂的化学物质。弄清 DNA 的结构与形态的是三位年轻人，他们分别是 25 岁的美国人沃森、37 岁的英国人克里克和威尔金斯。

沃森从孩提时代开始就喜欢鸟类，所以大学时他选择学习动物学。在前往英国研究细菌时，他遇见了化学学者克里克。两人在看了对生命和物质具有浓厚兴趣的物理学者威尔金斯展示的 X 光衍射照片后，开始思考 DNA 的构成形式是什么样的。于是，国别、年龄、专业截然不同的三人为着同样的目标聚在一起共同讨论，揭示出了 DNA 的构造。正是凭借他们对 DNA 的研究成果，之后的科学研究取得了极大进展。三人于 1962 年获得了诺贝尔生理学或医学奖。

沃森 1928.4.6～
James Dewey Watson

克里克
1916.6.8 ～ 2004.7.28
Francis Harry Compton Crick

威尔金斯
1916.12.15 ～ 2004.10.5
Maurice Hugh Frederick Wilkins

*DNA: 脱氧核糖核酸，是 deoxyribonucleic acid 的略称。也被称作基因。

这个故事告诉我们，为解决新的疑难问题，不同领域的学者交换各自意见、互相参考，十分重要。

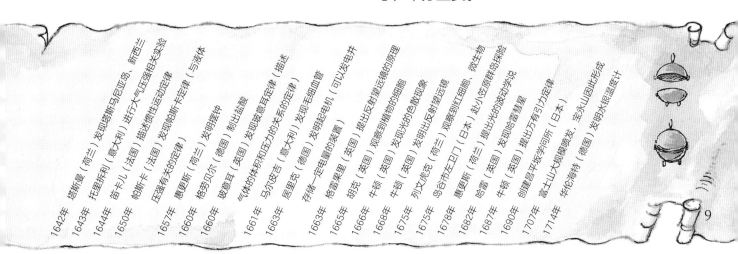

1642年 塔斯曼（荷兰）发现塔斯马尼亚岛、新西兰
1643年 托里拆利（意大利）进行大气压强相关实验
1644年 笛卡儿（法国）描述惯性运动定律
1650年 帕斯卡（法国）发明帕斯卡定律（与流体压强有关的定律）
1657年 惠更斯（荷兰）发明摆钟
1660年 格里马尔迪（意大利）制出盐酸
1660年 玻意耳（英国）发现玻意耳定律（气体的体积和压力成反比的关系的定律）
1661年 马尔皮吉（意大利）发现毛细血管
1663年 居里克（德国）发明起电机（可以发电）
1663年 存博一定电霉的装置
1665年 格雷果里（英国）提出反射望远镜的原理
1666年 胡克（英国）发现生物细胞
1668年 牛顿（英国）发现光的色散现象
1675年 列文虎克（荷兰）观察到红细胞、微生物
1675年 牛顿（英国）发明出反射望远镜
1678年 乌合市左卫门（日本）赴小笠原群岛探险
1682年 惠更斯（荷兰）观察到反射望远镜
1687年 哈雷（英国）发现哈雷彗星
1690年 牛顿（英国）提出万有引力定律
1707年 创建昌平坂学问所（日本）
1714年 华伦海特（德国）发明水银温度计

9

4月

花中化学、寻味之旅

油菜花

郁金香：红色来自花青素鼠李葡糖苷、姜黄素。

百灵鸟

泡泡：用清水溶解肥皂，得到溶液，再放入无患子和日本七叶树树皮，在皂素成分的作用下，会冒出许多美丽的泡泡。

海螺

海蜷

樱蛤

出生在 4 月的科学家

1 日 R.A. 席格蒙迪（1865，德国）发现胶体的多相性
2 日 F.M. 格里马尔迪（1618，意大利）率先发现光的衍射现象
3 日 H.C. 沃格尔（1841，德国）发现分光双星
4 日 R.P. 皮克特（1846，瑞士）研究气体液化
5 日 J. 李斯特（1827，英国）外科手术消毒法的创始人
6 日 J.D. 沃森（1928，美国）研究脱氧核糖核酸（DNA）
7 日 铃木梅太郎（1874，日本）提取出维生素 B₁
8 日 A.W. 霍夫曼（1818，德国）研究煤焦油，为德国染料工业奠定基础
9 日 T.J. 塞贝克（1770，德国）研究热电现象
10 日 R.B. 伍德沃德（1917，美国）合成奎宁
11 日 O.L. 艾德曼（1804，德国）研究靛红
12 日 O. 迈尔霍夫（1884，德国）研究肌肉中的乳酸
13 日 R.A. 沃森-瓦特（1892，英国）发明电波探测机
14 日 小川鼎三（1901，日本）脑解剖学家
15 日 N.N. 谢苗诺夫（1896，苏联）阐明爆炸反应
16 日 E. 索尔维（1838，比利时）制造碳酸钠
17 日 E.H. 斯塔林（1866，英国）研究荷尔蒙
18 日 P.E.L. 波依斯包德朗（1838，法国）进行分光分析
19 日 G.T. 西博格（1912，美国）发现超铀元素
20 日 L. 加特曼（1860，德国）有机化学家、教育家
21 日 P. 卡勒（1889，瑞士）研究维生素 A、维生素 B
22 日 R. 巴雷尼（1876，奥地利）研究内耳的平衡器官
23 日 小林久平（1875，日本）利用酸性白土进行人造石油研究
24 日 J.C.G. 马里纳克（1817，瑞士）发现元素 Yb（镱）
25 日 W. 泡利（1900，瑞士）研究量子论和原子物理
26 日 H. 席夫（1834，德国）发现席夫碱
27 日 C. 詹姆士（1880，美国）研究稀土元素
28 日 F.K. 阿哈尔特（1753，德国）甜菜糖的工业化
29 日 H.C. 尤里（1893，美国）分离氘、进行生命起源实验
30 日 K.F. 高斯（1777，德国）数学、物理、天文学天才

本月的化学家

日本杰出的"三太郎"

太郎是具有代表性的日本男性名字之一。

在大学教授生理化学的铃木梅太郎在 36 岁时，从米糠中提取出人体所需的营养中不可或缺的成分，并将其命名为"硫胺素"（Oryzanin）。这一发现的 2 年后，波兰的冯克宣布提取出相同物质，并将其取名为"维生素"。

铃木梅太郎

在德国学习化学期间，他认识到日本人体格瘦弱，是因为在孩童时代没能很好地摄取营养，所以他在回到日本后，立刻着手研究大米的成分。之后，他成功将维生素 B₁ 结晶出来。

1874.4.7 ~ 1943.9.20

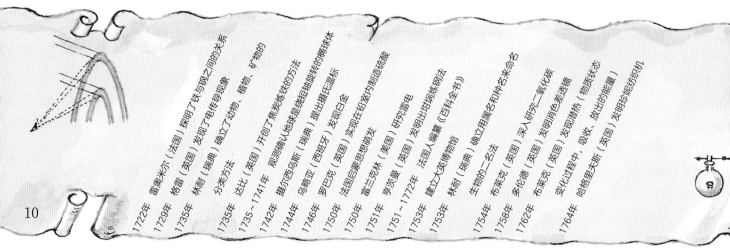

1722年 雷奥米尔（法国）探明了铁与钢之间的关系
1729年 格雷（英国）发现了电传导现象
1735年 林耐（瑞典）确立了动物、植物、矿物的分类方法
1735~1741年 达比（英国）开创了焦炭炼铁的方法
1742年 摄尔西乌斯（瑞典）提出摄氏温标
1746年 罗巴克（英国）实现在铅室内制造硫酸
1750年 富兰克林（美国）研究雷电
1751年 亨克曼（英国）发明出用金属名和种名来命名生物的一名法
1751~1772年 法国人编纂《百科全书》
1753年 林耐（瑞典）确立用属名和种名来命名生物的二名法
1753年 法国人建立大英博物馆
1754年 布莱克（英国）深入研究二氧化碳
1758年 多伦德（英国）发明消色差透镜
1762年 布莱克（英国）发现潜热（物质状态变化过程中，吸收、放出的能量）
1764年 哈格里夫斯（英国）发明珍妮纺纱机

樱草花：颜色来自天竺葵色素、黄酮醇。

猪牙花：根部可产生淀粉。

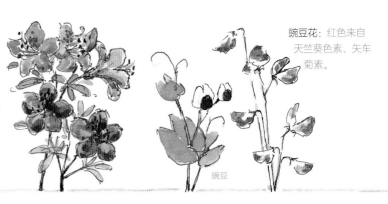

杜鹃花：黄色来自6-羟基黄酮。紫红色来自花翠素。

豌豆花：红色来自天竺葵色素、矢车菊素。

豌豆

长冈半太郎长期研究构成物质的微小原子的内部结构，他在38岁时提出了类似土星结构的原子模型。这一理论引起了许多学者的关注，为后来的原子内部结构研究提供了很大的指导作用。

在东北大学进行金属与磁学研究的本多光太郎，在47岁后接连发明了成为极强磁铁的KS钢、新KS钢。在他的努力下，日本在金属物理性质和冶金领域的研究能力，达到了世界级水平。

长冈半太郎

他不仅在"原子模型"和"测定重力常数"方面取得了巨大成就，还在诸多领域引导了日本物理学的发展。他取得的成就在世界范围得到了认可。月球背面就有一座环形山，因为他的贡献，被命名为"长冈"。

1865.8.15 ~ 1950.12.11

本多光太郎

他有着留学德国、法国、英国的丰富经历，回到日本后有一段时间与长冈半太郎共同进行研究。他从分子磁铁理论研究开始，延伸至物质的磁力性质研究，最终转向铁及其合金的研究。

1870.3.24 ~ 1954.2.12

化学小剧场　"桃太郎、金太郎、浦岛太郎被称作日本童话中的三太郎，阿伏伽德罗（Avogadro）、贝尔塞柳斯（Berzelius）、卡文迪什（Cavendish）被称为化学先驱ABC。"

本篇中介绍的三位化学家，是来自日本的杰出"三太郎"，他们在当时获得了来自世界各国科学家的赞誉。

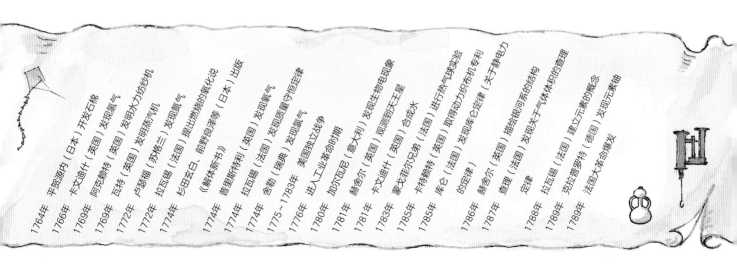

平贺源内（日本）开发石棉　1764年

卡文迪什（英国）发现氢气　1766年

阿克赖特（英国）发明水力纺纱机　1769年

瓦特（英国）发明蒸汽机　1769年

卢瑟福（苏格兰）发现氮气　1772年

拉瓦锡（法国）提出燃烧的氧化说　1772年

杉田玄白《解体新书》（日本）出版　1774年

普里斯特利（英国）发现氧气　1774年

拉瓦锡（瑞典）发现氧气　1774年

舍勒　美国独立战争　1775~1783年

进入工业革命时期　1776年

加尔瓦尼（意大利）发现生物电现象　1780年

赫舍尔（英国）观测到天王星　1781年

卡文迪什（英国）合成水　1781年

蒙戈菲尔兄弟（法国）进行热气球实验　1783年

卡特赖特（英国）取得动力织布机专利　1785年

库仑（法国）发现库仑定律（关于静电力的定律）　1785年

赫舍尔（英国）描绘银河系的结构　1786年

查理（法国）发现关于气体体积的查理定律　1787年

拉瓦锡（法国）建立元素的概念　1788年

克拉普罗特（德国）发现元素铀　1789年

法国大革命的爆发　1789年

花中化学、寻味之旅

5月

鲤鱼旗

鸢尾：红色来自锦葵色素，
蓝色来自花翠素。

花菖蒲

瓢虫　指路虫（日本虎甲）

燕子花

本 月 的 化 学 家

最初讨厌化学的人

格利雅从小就对背诵、记数等非常讨厌，所以在大学期间数学考试不及格，化学成绩也不好。在他考虑要不要从学校退学时，他遇见了巴尔比耶这位个性爽朗又有些顽固的教授。

格利雅

法国化学家。他在里昂大学遇见了巴尔比耶教授。

1871.5.6 ~ 1935.12.13
Francois Auguste Victor Grignard

他被这位教授积极向上的人格魅力深深折服，马上，格利雅就开始听化学课程并奋发学习。通过学习掌握到许多知识的他愈发觉得化学奥妙无穷，这更加激发了他努力学习的斗志。

展示了两种方法的人

美国化学家米奇利在化学方面的重要贡献主要有两个。

第一个是发明了既不会给发电机引擎带来故障，又能够提升引擎性能的添加剂。为了发明这个被称为"抗震剂"的添加剂，米奇利汇总了手中所有的药剂，在进行了无数次实验之后，终于发明了四乙基铅这一添加剂。

另一个是发明了用于冰箱和空调制冷的液体。要寻找安全无毒，而且能够提升冷却效率的化合物，本应该也汇总大量药剂，但是这次米奇利没有这么做。他一边盯着元素周期表一边苦苦思索、计算，在完全没有进行实验的情况下，选定了含有氟的化合物 *，该化合物的优良特性在使用过程中得到了确认。

1790年 吕布兰（法国）发明合成碳酸钠的
1791年 吕布兰法
1791年 加尔瓦尼（意大利）研究青蛙肌肉收缩
过程的生物电现象
1792~1798年 测定巴黎的地球子午线长度
1792年 鄂多克（英国）发明煤气灯
1795年 高斯（德国）发明最小二乘法
1795年 法国建立了米制测量单位制
1796年 津纳（英国）发明了牛痘接种法
1798年 在埃及发现罗塞塔石碑
1799年 伏打（意大利）发明伏打电堆
1799年 普鲁斯特（法国）提出定比定律
1800年 尼科尔森、卡莱尔（英国）进行了电解水实验
1802年 高斯（德国）发表整数论
1803年 道尔顿（英国）创立了化学原子论
1805年 沃劳斯顿（英国）发现气体膨胀定律
1807年 英国和法国爆发特拉法尔加海战
1807年 富尔顿（美国）建造蒸汽轮船
1807年 戴维（英国）电解出金属的钠、钾

菖蒲：气味来自诱虫醚、菖蒲酮细辛醛、菖蒲烯二醇等成分。

蝌蚪

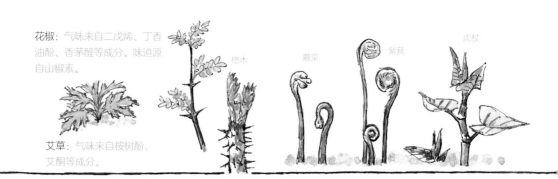

花椒：气味来自二戊烯、丁香油酚、香茅醛等成分。味道源自山椒素。

楤木　　蕨菜　　紫萁　　虎杖

艾草：气味来自桉树酚、艾酮等成分。

之后，成为化学老师的格利雅利用特殊的反应，制出了重要的试剂。

这一试剂被人们称作"格利雅试剂"。凭借这一发明，格利雅获得了科学学院奖、贝特洛奖、诺贝尔奖等多项大奖，成了一位备受瞩目的杰出化学家。

米奇利向我们生动地展示了实验与思考这两个重要的化学研究方法。毫无疑问，他是一位出色的化学家。

米奇利

他的外公、父亲都是发明家，可谓是出生在发明世家。

1889.5.18 ~ 1944.11.2
Thomas Midgley Jr.

* 被称为氟利昂。

1808年 道尔顿（英国）发表倍比定律
1808年 盖·吕萨克（法国）发表气体反应定律
1809年 拉马克（法国）发表进化论
1811年 阿伏伽德罗（意大利）发表分子概念的假说
1812年 居维叶（法国）针对拉马克提出的进化论，发表了灾变论
1813年 贝尔塞柳斯（瑞典）创立了化学符号
1814年 斯蒂芬森（英国）进行蒸汽机车的试运行
1814年 伊能忠敬（日本）的日本地图
1816年 雷奈克（法国）发明听诊器
1818年 菲涅耳（法国）发表光的衍射理论
1819年 杜隆、珀蒂（法国）发现比热容和原子量的关系
1819年 密切利希（德国）发现异质同晶现象
1820年 奥斯特（法国）提出和电流磁效应相关的理论
1820年 贝采利乌斯（瑞典）主张化合物的二元论

铃兰：气味来自香茅醇、橙花醇、香叶醇。根部含有作为强心剂使用的铃兰毒苷等成分。

绣球花：花色受黄酮（白）、类胡萝卜素（黄）、叶绿素（绿）、花青素（紫）等色素影响。

香鱼

6月

出生在6月的科学家

- 1日 N.L.S.卡诺（1796，法国）发现热力学原理
- 2日 N.G.塞夫斯特伦（1787，瑞典）发现元素 V（钒）
- 3日 K.季米里亚捷夫（1843，俄国）研究光合作用中吸收光的波长
- 4日 J.福尔哈德（1834，德国）研究分析化学
- 5日 J.加多林（1760，芬兰）研究稀土元素
- 6日 F.J.W.卢顿（1899，英国）发现碳酸脱水酶
- 7日 R.S.马利肯（1896，美国）提出分子轨道理论
- 8日 F.H.C.克里克（1916，英国）研究 DNA 的构造
- 9日 H.费林（1812，德国）研究出费林试剂
- 10日 J.K.F.蒂曼（1848，德国）合成香草醛
- 11日 C.P.G.林德（1842，德国）发明空气液化装置
- 13日 J.C.麦克斯韦（1831，英国）开创电磁学
- 14日 K.兰施泰纳（1868，奥地利）研究血型
- 15日 S.C.林德（1879，美国）研究放射化学
- 15日 C.A.拉米（1820，法国）物理化学家
- 16日 G.G.辛普森（1902，美国）古生物学家
- 17日 W.克鲁克斯（1832，英国）发现元素 Tl（铊）
- 18日 E.S.莫尔斯（1838，美国）动物学家，发现大森贝冢
- 19日 E.B.钱恩（1906，英国）研究青霉素
- 20日 F.G.霍普金斯（1861，英国）研究维生素
- 22日 J.S.赫胥黎（1887，英国）生物学、进化学家
- 24日 P.E.迪克洛（1840，法国）研究发酵、微生物化学
- 25日 W.H.能斯脱（1864，德国）研究物理化学、热力学
- 27日 C.格拉泽（1841，德国）对染料工业发展贡献极大
- 27日 松原行一（1872，日本）研究有机化学的教育
- 28日 E.埃伦迈尔（1825，德国）研究萘
- 28日 A.卡雷尔（1873，法国）发明动脉缝合的方法，生理学家
- 29日 P.瓦格（1833，挪威）发表质量作用定律
- 30日 J.B.卡旺图（1795，法国）研究叶绿素

本月的化学家

培育出青霉菌的三位学者

有几位化学家将梅雨季节生长出的霉菌视若珍宝，下面将介绍他们的故事。

德国的钱恩对研究化学充满向往，努力进入柏林大学深造，并顺利毕业。

当时统治德国的希特勒政府对犹太人采取迫害政策。由于父亲是犹太人，钱恩不得不远走英国，追随牛津大学的弗洛里教授开始研究。

钱恩
1906.6.19 ~ 1979.8.12
Ernst Boris Chain

弗洛里
1898.9.24 ~ 1968.2.21
Howard Walter Florey

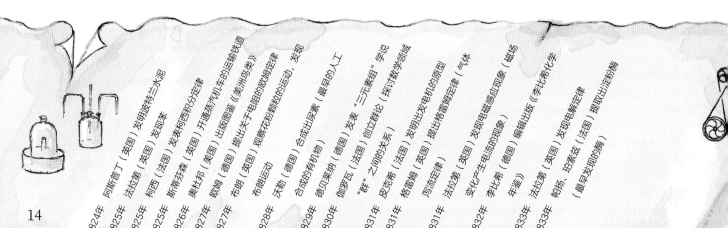

- 1824年 阿斯普丁（英国）发明波特兰水泥
- 1825年 法拉第（英国）发现苯
- 1825年 铜西（法国）发现苯
- 1825年 斯蒂芬森（英国）开通蒸汽机车的运输铁道
- 1826年 奥杜邦（美国）出版图鉴《美洲鸟类》
- 1827年 欧姆（德国）提出关于电阻的欧姆定律
- 1827年 布朗（英国）观察花粉颗粒的运动，发现布朗运动
- 1828年 沃勒（德国）合成的有机物
- 1829年 德贝来纳（德国）发表"三元素组"学说
- 1830年 伽罗瓦（法国）创立群论（探讨数学领域"群"之间的关系）
- 1831年 皮克希（法国）发明出发电机的原型
- 1831年 格雷姆（英国）提出格雷姆定律（气体）
- 1831年 法拉第（英国）发现电磁感应现象（磁场变化产生电流的现象）
- 1832年 李比希（德国）编辑出版《李比希化学年鉴》
- 1833年 法拉第（英国）发现电解定律
- 1833年 帕扬、珀索兹（法国）提取出淀粉酶（最早发现的酶）

蔷薇：花色受类胡萝卜素（黄）、芍药素（红）、花色素苷（殷红）、鞣酸（黑）的影响。花香来自香叶醇、香茅醇等成分。

青蛙

乌梅果：富含柠檬酸、苹果酸。
乌梅籽：含有苦杏苷。

草莓：香甜气味来自乙基丁酸甲酯、己酸乙酯。

弗莱明

他从小就成绩优异，1901 年以第一名的成绩进入伦敦圣玛利亚医院医科学校，1928 年成为细菌学教授。

1881.8.6 ~ 1955.3.11
Alexander Fleming

　　弗洛里是出生于澳大利亚的生理学者，第二次世界大战期间，为了救治受伤的士兵，他开始研究溶菌酶。在此过程中，他意外发现了一篇很久以前的论文。

　　这篇论文中记载着，1929 年，英国细菌学家弗莱明在青霉中发现了能破坏细菌的青霉素。

　　但是弗莱明的方法只能得到低浓度、效果并不显著的产品。钱恩和弗洛里两人坚持不懈地研究，终于成功提纯出药效增强了 100 倍的青霉素。

　　1940 年，59 岁的弗莱明看到 42 岁的弗洛里和 34 岁的钱恩写的论文，专程去拜访了这两人。

　　他们两人本以为弗莱明已经去世，是一位历史上的学者，所以看到弗莱明时既感到震惊又备感欣喜。

　　二战期间，尽管伦敦持续遭遇空袭，培养青霉素的工作仍在继续。据说，为以防万一，弗洛里和钱恩在自己的衣服上洒满青霉素的菌液。这样，即使研究所遭遇爆炸袭击，只要两人中有一人获救，就能够凭借身上的衣服继续培养青霉素。最终青霉素在美国大量生产。

　　得益于他们的苦心研究和不懈努力，数以万计的生命得到救助。在二战结束的 1945 年，上述三人一同获得了诺贝尔生理学或医学奖。

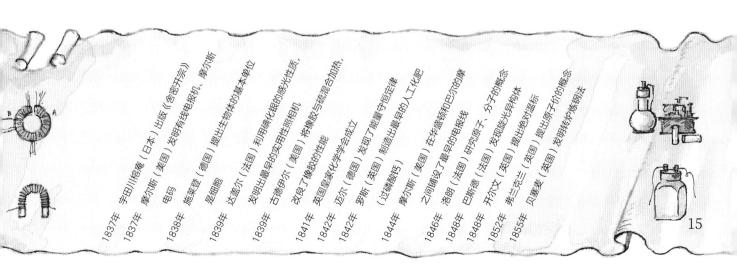

1837年 宇田川榕庵（日本）出版《舍密开宗》

1837年 摩尔斯（美国）发明有线电报机、摩尔斯电码

1838年 施莱登（德国）提出生物体的基本单位是细胞

1839年 达盖尔（法国）利用碘化银的感光性质，发明出最早的实用性照相机

1839年 古德伊尔（美国）将橡胶与硫磺混合加热，改良了橡胶的性能

1841年 英国皇家化学学会成立

1842年 迈尔（德国）发现了能量守恒定律

1842年 罗斯（英国）制造出最早的人工化肥（过磷酸钙）

1844年 摩尔斯（美国）在华盛顿和巴尔的摩之间铺设了最早的电报线

1846年 洛朗（法国）研究原子、分子的概念

1848年 巴斯德（法国）发现版光异构体

1848年 开尔文（英国）提出绝对温标

1852年 弗兰克兰（英国）提出原子价的概念

1855年 贝塞麦（英国）发明转炉炼钢法

15

7月

合欢

红花：花中含有的红花甙呈现出殷红色。

风铃

萤火虫：体内含有萤光素和萤光素酶，二者与氧气发生作用，产生萤光。

蚊香：除虫菊中的拟除虫菊酯可以起到驱蚊作用。

本月的化学家

纯粹且高尚
——优秀化学家的姿态

1945年，德国向美国、英国等国家组成的同盟国投降，第二次世界大战宣告结束。

战胜方的美国、英国军队占领了德国的大型化学工业公司，并进行了调查。调查的结果令他们大吃一惊。他们发现，一直以来被视作易爆危险物品的乙炔，与剧毒的一氧化碳在高压下发生反应后，竟然可以生产出合成橡胶、纤维和许多化学试剂。这种方法既大胆又巧妙，在当时世界上其他任何一个国家中，人们都找不出相同情况。

两国军队命令作为指导者的雷佩写出详细的制备方法，但是雷佩一行也没写。

美军承诺，只要他肯去美国，就给予他丰厚的工资、优越的待遇和宝贵的自由。面对这样的劝诱，雷佩拒绝说，其他德国人还

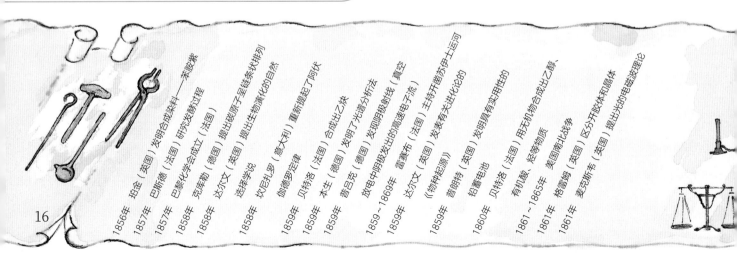

1856年 珀金（英国）发明合成染料——苯胺紫
1857年 巴斯德（法国）研究发酵过程
1857年 巴黎化学会成立（法国）
1858年 克库勒（德国）提出碳原子呈链条状排列
1858年 达尔文（英国）提出生物进化的自然选择学说
1858年 坎尼扎罗（意大利）重新提起了阿伏伽德罗定律
1859年 贝特洛（法国）合成出乙炔
1859年 本生（德国）发明了光谱分析法
1859年 普吕克（德国）发明阴极射线（真空放电中明胶发出的高速电子流）
1859~1869年 达尔文（英国）主持开辟苏伊士运河
1859年 雷赛布（法国）发表有关进化论的《物种起源》
1859年 普朗特（英国）用无机物合成出乙醇
1860年 铅蓄电池
1861~1865年 有机酸、烃举物质 美国南北战争
1861年 普朗特（英国）发明具有实用性的
1861年 格雷姆（英国）区分开胶体和晶体
1861年 麦克斯韦（英国）提出光的电磁波理论

香芹：气味来自蒎烯和洋芹醚等物质。

紫苏：紫色来自紫苏素等物质。气味来自柠檬烯和紫苏醛等物质。

黄瓜：气味来自黄瓜醇等物质。味道带涩味是因为黄瓜含有三萜类化合物。

葡萄：气味来自氨茴酸甲酯、己酸乙酯。无籽葡萄是利用植物激素中的赤霉素培育出的品种。

西瓜：气味来自壬二烯醇、壬烯醇等物质。无籽西瓜是用秋水仙素、α-萘乙酸进行处理得到的品种。

在承受着战败的痛苦，他决不能贪图个人享乐。雷佩因此被关进了监狱。

另一边，美军也没有放弃，他们细致搜查了工厂的研究资料。据说仅仅是搜出的报告书就装满了十几辆卡车。

在研究时，雷佩承受着在爆炸事故中失去弟弟的痛苦，面临着许许多多的困难，但他没有被挫折打倒吓退，而是排除万难，完成了乙炔的高压反应。后来，人们将该反应称为"雷佩反应"，褒奖他的成就。

入狱 2 年后，雷佩终于重获自由。当时，德国化学工业受到重创，他就全身心投入到化学工业的建设中。雷佩纯粹又高尚的行为，以及坚强的意志，可谓是德国化学研究者们的骄傲，他也因此受到了来自全世界的赞誉。

雷佩

一位化学工程学家，研究设计出非常安全可靠的装置，成功实现了原本十分危险的乙炔高压反应等化学反应的工业化生产。反应得到的乙烯醚和涤纶等产品，十分便宜，而且可以大量生产，能用于制造多种日用品，极大地丰富了我们的生活。

1892.7.29 ~ 1969.7.26
Walter Julius Reppe

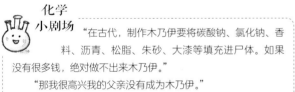

化学小剧场
"在古代，制作木乃伊要将碳酸钠、氯化钠、香料、沥青、松脂、朱砂、大漆等填充进尸体。如果没有很多钱，绝对做不出来木乃伊。"
"那我很高兴我的父亲没有成为木乃伊。"
"？？！！"

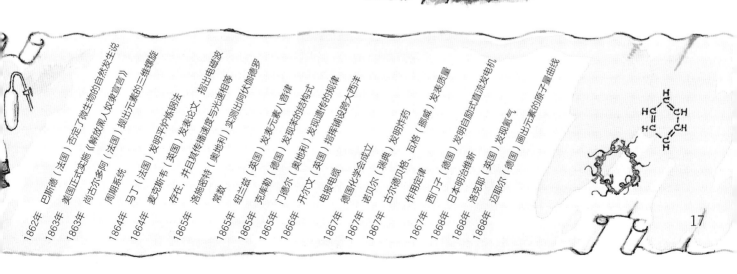

1862年 巴斯德（法国）否定了微生物的自然发生说
1863年 美国正式实施《解放黑人奴隶宣言》
1863年 尚古古多阿（法国）提出元素的三维螺旋周期系统
1864年 马丁（法国）发明平炉炼钢法
1864年 麦克斯韦（英国）发表论文，指出电磁波存在，并且其传播速度与光速相等
1865年 洛施密特（奥地利）实测出阿伏伽德罗常数
1865年 纽兰兹（英国）发表元素八音律
1865年 克库勒（德国）发现苯的结构式
1866年 门德尔（奥地利）发现遗传的规律
1867年 开尔文（英国）指挥铺设跨大西洋电报电缆
1867年 德国化学会成立
1867年 诺贝尔（瑞典）发明炸药
1867年 古尔德贝格、瓦格（挪威）发现质量作用定律
1867年 西门子（德国）发明自励式直流发电机
1868年 日本明治维新
1868年 洛克耶（英国）发现氦气
1868年 迈耶尔（德国）画出元素的原子量曲线

17

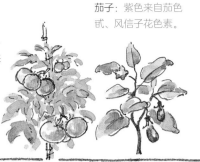

番茄：颜色来自胡萝卜素、番茄红素，气味来自青叶醇。

茄子：紫色来自茄色甙、风信子花色素。

桃子：气味来自内酯、乙酸己酯。

牵牛花：颜色来自芍药素。

8月

本月取得的化学成就

这三人的命运与氧气息息相关

历史上，化学家们曾在8月取得过非常重要、与"燃烧"密切相关的成就。

英国的牧师普里斯特利是一个思维非常活跃的人，他时常教授孩子们科学知识，并进行五花八门的实验，也著有许多有关电学和色彩的书。

1774年8月1日，他发现，将加热过的水银进一步加热后，会产生一种能够使蜡烛燃烧得更加剧烈的气体。这种气体就是氧气，普里斯特利因此成为氧气的发现者。

在该发现的前1年，瑞典的天才化学家舍勒在他记录了发现氯、锰、氨、柠檬酸、甘油等物质的记事本上也写下过氧气的制法。

遗憾的是，该成果没有发表出来，所以他不被认为是氧气的发现者。

这两人都没有摆脱当时流行的燃素学说的束缚，认为能够燃烧的物质中必定含有燃素（Phlogiston）。没能明确区分燃素和氧气是他们的局限性。

首先解决上述问题的是法国的拉瓦锡。拉瓦锡是个富有的人，在政府担任官职，并利用工作之余的时间，在自己家中的大实验室里进行了许多的物理和化学研究。

普里斯特利
1733.3.13 ~ 1804.2.6
Joseph Priestley

舍勒
1742.12.9 ~ 1786.5.21
Karl Wilhelm Scheele

拉瓦锡
1743.8.26 ~ 1794.5.8
Antoine Laurent Lavoisier

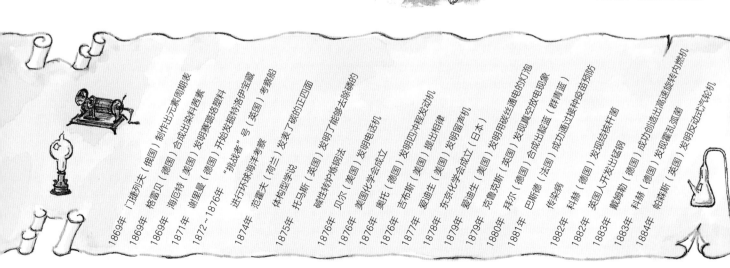

1869年 门捷列夫（俄国）制作出元素周期表
1869年 格雷贝（德国）合成出染料茜素
1869年 海厄特（美国）发明赛璐珞塑料
1871年 谢里曼（德国）开始发掘特洛伊宝藏
1872~1876年 "挑战者"号（英国）考察船 进行环球海洋考察
1874年 范霍夫（荷兰）发表了碳的正四面体构型学说
1875年 休
1876年 托马斯（英国）发明了能除去磷的碱性转炉炼钢法
1876年 贝尔（美国）发明电话机
1876年 爱迪生（美国）发明留声机
1876年 东京化学会成立（日本）
1877年 爱迪生（美国）发明四冲程发动机
1878年 吉布斯（美国）提出相律
1879年 东京化学会成立
1879年 爱迪生（美国）发明用钨丝通电的灯泡
1880年 克鲁克斯（英国）发现真空放电现象（辉青辉）
1881年 拜尔（德国）合成出靛蓝
1882年 巴斯德（法国）成功通过接种疫苗预防传染病
1882年 科赫（德国）发现结核杆菌
1883年 英国人开发出锰钢
1883年 戴姆勒（德国）成功创造出高速旋转式内燃机
1884年 科赫（德国）发现霍乱弧菌
1884年 帕森斯（英国）发明反动式汽轮机

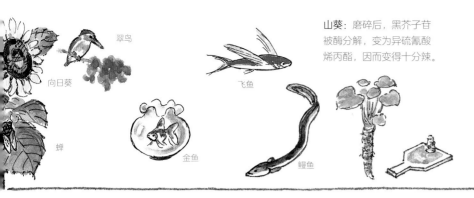

山葵：磨碎后，黑芥子苷被酶分解，变为异硫氰酸烯丙酯，因而变得十分辣。

生姜：气味来自香茅醛、姜烯，味道来自姜辣素、姜烯酚、姜油酮。

向日葵　翠鸟　蝉　金鱼　飞鱼　鳗鱼　青椒

拉瓦锡还准确测定了物质燃烧前后的质量，于 1779 年明确阐述，燃烧就是空气中的某种气体与物质的反应，并将该气体命名为氧气。

如上所述，揭开氧气真正面目的人是拉瓦锡。

在这之后，与氧气关联甚密的三人拥有着截然不同的命运。

身为贵族并且担任税务官的拉瓦锡在法国大革命时期被捕，之后被处以死刑。

普里斯特利由于支持法国大革命，被支持英国君主制的激进民众袭击，最终流亡美国。

舍勒经营起了自己心心念念的药店，但是因体弱多病，积劳成疾，44 岁便撒手人寰。

出生在 8 月的科学家

1 日　G. 海韦西（1885，匈牙利）发现元素 Hf（铪）
2 日　L. 格梅林（1788，德国）出版《格梅林无机和有机金属化学手册》
3 日　G.F. 斐兹杰惹（1851，爱尔兰）物理学家
4 日　W.R. 哈密顿（1805，爱尔兰）语言学家、理论物理学家
5 日　T.B. 奥斯本（1859，美国）研究营养学
6 日　H. 罗泽（1795，德国）发现元素 Nb（铌）
6 日　A. 弗莱明（1881，英国）发现青霉素
7 日　G.H. 盖斯（1802，俄国）发现化学热力学的基本定律
8 日　P.A.M. 狄喇克（1902，英国）建立量子力学
9 日　A. 阿伏伽德罗（1776，意大利）提出分子的概念
9 日　E.A.A.J. 许克尔（1896，德国）研究量子化学
10 日　A.W.K. 蒂塞利乌斯（1902，瑞典）生物化学家
11 日　C. 艾克曼（1858，荷兰）研究维生素 B₁
12 日　E. 薛定谔（1887，奥地利）研究量子力学
13 日　G.G. 斯托克斯（1819，英国）研究流体力学、荧光
13 日　R. 维尔施泰特（1872，德国）研究叶绿素
14 日　H.C. 奥斯特（1777，丹麦）研究磁学
15 日　长冈半太郎（1865，日本）物理学家
15 日　L.V. 德布罗伊（1892，法国）理论物理学家
16 日　G. 李普曼（1845，法国）实现彩色摄影
16 日　J.G.C.T. 克达尔（1849，丹麦）发明测定氮含量的方法
17 日　W. 诺达克（1893，德国）发现元素 Re（铼）
19 日　J.G. 甘恩（1745，瑞典）分离出单质 Mn（锰）
20 日　J.J. 贝尔塞柳斯（1779，瑞典）证实原子理论
21 日　C.F. 热拉尔（1816，法国）建立有机化学体系
22 日　S.P. 兰利（1834，美国）天文学家
23 日　秋月康夫（1902，日本）数学家、代数几何学的启蒙者
24 日　小熊捍（1886，日本）研究动物染色体
25 日　H.A. 克雷布斯（1900，英国）发现尿素循环
26 日　J.H. 兰贝特（1728，德国）研究溶液的吸光度
26 日　A.L. 拉瓦锡（1743，法国）发现氧气
27 日　C. 博施（1874，德国）研究高压化学
28 日　A.F. 霍勒曼（1859，荷兰）研究有机取代反应
29 日　H.A. 伯恩特森（1855，德国）有机化学家、染料学学者
30 日　J.H. 范霍夫（1852，荷兰）理论化学家
31 日　H. 亥姆霍兹（1821，德国）物理、生理学家

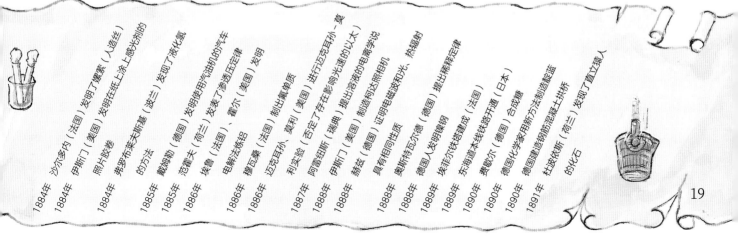

沙尔多内（法国）发明了樱素（人造丝）　1884年
伊斯门（美国）发明了在纸上涂上感光剂的照片胶卷　1884年
弗罗布朗夫斯基（波兰）发现了液化氢的方法　1884年
戴姆勒（德国）发明使用汽油的汽车　1885年
范霍夫（荷兰）发表了参透压定律　1885年
埃鲁（法国）、霍尔（美国）发明电解法炼铝　1886年
莫瓦桑（法国）制出氟单质　1886年
迈克耳孙、莫利（美国）进行迈克耳孙-莫利实验，否定了存在影响光速的以太　1887年
阿雷尼乌斯（瑞典）提出溶液的电离学说　1888年
伊斯门（美国）制造柯达照相机　1888年
赫兹（德国）证明电磁波的反射、折射、热辐射　1888年
奥斯特瓦尔德（德国）具有相同性质　1889年
德国人发明镍币　1889年
埃菲尔铁塔建成（法国）　1889年
东海道本线铁路开通（日本）　1889年
费歇尔（德国）合成糖　1890年
德国化学家用新方法制造靛蓝　1890年
德国建造的第一座钢筋混凝土拱桥　1890年
杜波依斯（荷兰）发现了直立猿人的化石　1891年

19

鸭跖草：蓝色的花色来自鸭跖蓝素。

香蕉：气味来自乙酸乙酯、乙酸丁酯、丁酸戊酯等成分。人工香精的气味来自乙酸戊酯。

菠萝：香味和味道来自己酸甲酯、辛酸甲酯。人工香精的气味来自丁酸戊酯。

苹果：气味来自丁醇、己醇、丁酸乙酯、乙酸丁酯等成分。人工香精的气味来自异戊酸异戊酯。

8月

本月的化学家

竭力研究出绝佳分析方法的人

出生于丹麦西兰岛的克达尔在大学毕业后，就在进行发酵和酿造工业相关的研究，终于，他发现了各种各样的生物都一定含有的重要元素——氮元素的分析方法。

在当时很长一段时间里，氮分析停滞不前，尽管悬赏大量赏金也毫无进展。虽然有不少人想出了许多方法，但是每一种方法都或多或少存在着缺点。

2年后，克达尔终于想出了绝妙的方法，并在哥本哈根的学会上发表。克达尔发明的克氏定氮法一直沿用至今，分析氮的过程中使用的玻璃仪器，也被称作克氏烧瓶。

化学研究中使用的许多仪器就像克氏烧瓶一样，用发明它、使用它的学者命名，下图就是其中的一些例子。

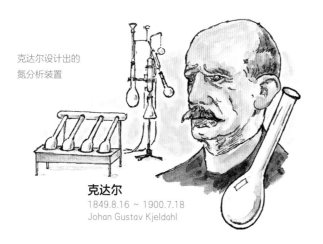

克达尔设计出的氮分析装置

克达尔
1849.8.16 ~ 1900.7.18
Johan Gustav Kjeldahl

本生
（德国）
1811.3.30 ~
1899.8.16
Robert Wilhelm
Bunsen

本生灯

埃伦迈尔
（德国）
1825.6.28 ~
1909.1.22
Emil Erlenmeyer

埃伦迈尔锥形烧瓶

克莱森
（德国）
1851.1.14 ~
1930.1.5
Rainer Ludwig
Claisen

克氏蒸馏烧瓶

李比希
（德国）
1803.5.12 ~
1873.4.18
Justus Liebig

李比希冷凝器

1891年 爱迪生（美国）发明活动电影放映机
1892年 艾奇逊（美国）用电炉制造出金刚砂（碳化硅）
1893年 狄塞尔（德国）发明柴油发动机
1894年 拉姆齐、瑞利（英国）发现元素氩
1894年 耶尔森（法国）发现鼠疫杆菌
1895年 伦琴（德国）发现X射线
1895年 马可尼（意大利）成功进行无线电报
1895年 林德（德国）成功液化空气
1895年 南森（挪威）进行北极探险
1896年 戈尔德施密特（德国）发明铝热法
1896年 贝克勒尔（法国）发现铀的放射性
1897年 雅典（希腊）举办第一届现代奥林匹克运动会
1897年 汤姆孙（英国）证明电子的存在
1898年 帕森斯（英国）发明最早的蒸汽涡轮
1899年 居里夫妇（法国）发现镭
1900年 费歇尔（德国）研究蛋白质
1900年 巴甫洛夫（俄国）发现条件反射的现象
1900年 齐伯林（德国）发明硬式飞艇
1900年 普朗克（德国）发表有关原子构造的量子假说
1901年 德弗里斯（荷兰）重新发现孟德尔遗传定律，设立诺贝尔奖

花中化学、寻味之旅

石蒜：花色来自花色苷。生长在地下的球形茎含有淀粉和毒性物质石蒜碱。

狗尾草

玉米

红蜻蜓

蓼蓝：棉花染色用的"靛蓝"，是将蓼蓝的树叶氧化后制成的靛蓝色染料。

胡枝子

从只有一台天平的简陋实验室启航

我们的身体可以进行很多项运动，这是肌肉在发挥作用，肌肉的作用基于身体内糖的合成和分解。这个过程非常复杂，涉及一系列化学反应，可以说是精妙绝伦。

出生在巴黎的阿根廷化学家莱洛伊尔，毅然决然开始了这个艰深领域的研究。

当时的阿根廷，局势十分混乱，很难向化学研究投入经费，而且总统不允许开展他不喜欢的研究。

因此，莱洛伊尔的实验室中，设备异常简陋，仅仅有离心机、光谱仪和天平各一台。

尽管在如此艰苦的条件下，莱洛伊尔仍然默默坚持研究，毫无畏惧。经过不懈努力和探索思考，他终于获得横跨化学、生物、医学领域的重要发现和研究成果。

凭借着这些突出贡献，低调、沉稳的莱洛伊尔在 1970 年获得诺贝尔化学奖，成为首位获此殊荣的南美洲学者。

莱洛伊尔
1906.9.6 ~ 1987.12.2
Luis Federico Leloir

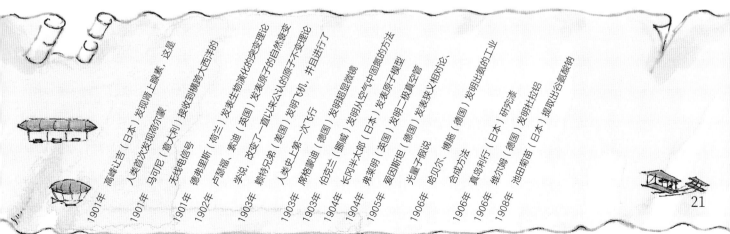

1901年 高峰让吉（日本）发现肾上腺素，这是人类首次发现的荷尔蒙

1901年 马可尼（意大利）接收到横跨大西洋的无线电信号

1902年 德弗里斯（荷兰）发表生物演化的突变理论

1903年 卢瑟福、索迪（英国）发表原子的自然蜕变理论

1903年 莱特兄弟（美国）发明飞机，人类史上第一次飞行，改变了一直以来公认的原子不变理论，并且进行了

1903年 居里夫妇（德国）发明超显微镜

1904年 伯克兰（挪威）发明从空气中固氮的方法

1904年 长冈半太郎（日本）发表原子模型

1905年 弗莱明（英国）发明二极真空管

1905年 爱因斯坦（德国）发表狭义相对论、光量子假说

1906年 哈尔尔、博施（德国）发明出氨的工业合成方法

1906年 真岛利行（日本）研究漆

1906年 维尔姆（德国）发明杜拉铝

1908年 池田菊苗（日本）提取出谷氨酸钠

21

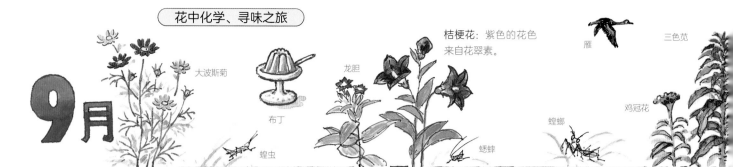

大波斯菊

布丁

龙胆

桔梗花：紫色的花色来自花翠素。

雁

三色堇

鸡冠花

螳螂

螽斯

蝗虫

9月

本月的化学家

追寻芳香气味的人

从很久很久以前，人类就开始利用散发缕缕香气的花进行装饰，种植并食用味道香甜的水果。

人们享受扑鼻芳香，也借香气达到放松宁神的效果，而在各种各样的香气、气味中，自古以来就被推崇为极品的是，从中国西藏和尼泊尔山脉中的麝香鹿身上提取出的麝香，以及从非洲等地的麝香猫身上提取的香料。

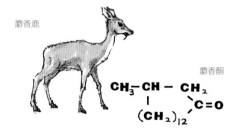

麝香鹿

麝香酮

$$CH_3-CH-CH_2$$
$$(CH_2)_{12}\quad C=O$$

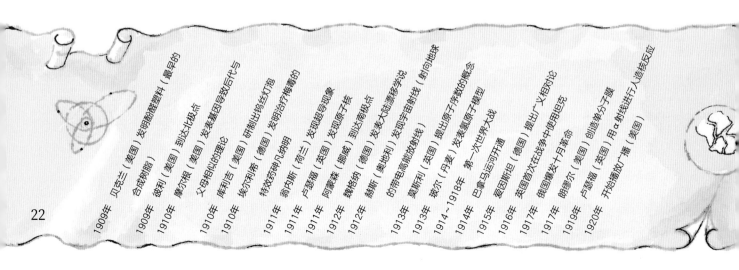

大丽花：花色受黄酮（奶油色）、类黄酮（黄色）、花葵苷（红色）影响。

占地菇：味道来自海藻糖、甘露醇。

松茸：香气来自蘑菇醇、异松茸醇、肉桂酸甲酯。

毒蝇鹅膏菌：毒性成分是蝇蕈碱。

毒鹅膏：毒性成分是毒伞肽、鬼笔毒素。

芒草

瑞士的化学家鲁日齐卡非常想深入了解，这种气味背后蕴藏的美妙而又不为人知的奥秘。

终于，在 1926 年，他研究出了麝香中带有香气的化合物麝香酮，和麝香猫香气 * 的成分——灵猫香酮的化学结构。

此外，他在研究芳香怡人的茉莉花中含有的化学物质——茉莉酮，以及植物的叶绿素方面，都取得了很大的成就。

鲁日齐卡

他在卡尔斯鲁厄理工学院学习，1929 年成为苏黎世联邦理工学院的教授。

他发现了一种男性荷尔蒙——睾酮，并且实现了睾酮的人工合成。

1887.9.13 ~ 1976.9.26
Leopold Ruzicka

1939 年，为表彰鲁日齐卡的研究成果，诺贝尔奖委员会将诺贝尔化学奖颁发给他。得益于鲁日齐卡的研究，原本价格居高不下的香料实现了工业化生产，令人心旷神怡的香气"飘进"千家万户。

* 该成分也被称作灵猫香。

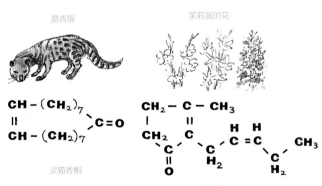

麝香猫

茉莉属的花

灵猫香酮

茉莉酮

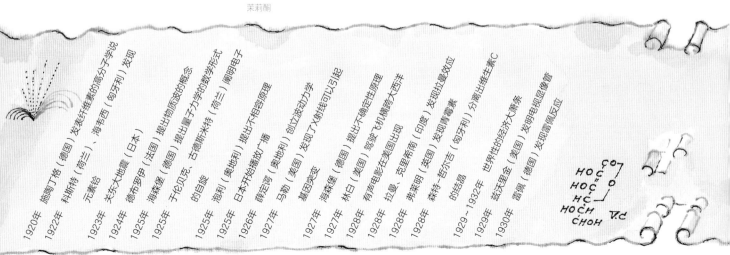

1920年 施陶丁格（德国）发表纤维素的高分子学说

1922年 科斯特（荷兰）、海韦西（匈牙利）发现元素铪

1923年 关东大地震（日本）

1924年 德布罗伊（法国）提出物质波的概念

1925年 海森堡（德国）提出量子力学的数学形式

1925年 于伦贝克、古德斯米特（荷兰）阐明电子的自旋

1925年 海耳（奥地利）提出不相容原理

1925年 日本开始播放广播

1926年 薛定谔（奥地利）创立波动力学

1927年 马勒（美国）发现X射线的诱发突变

1927年 基因突变

1927年 海森堡（德国）提出不确定性原理

1927年 林白（美国）驾驶飞机横跨大西洋

1928年 有声电影在美国出现

1928年 拉曼、克里希南（印度）发现拉曼效应

1928年 弗莱明（英国）发现青霉素

1928年 森特-哲尔吉（匈牙利）分离出维生素C的结晶

1929~1932年 世界性的经济大萧条

1929年 兹沃雷金（美国）发明电视摄像管

1930年 雷纳（德国）发现雷姆佩尔反应

花中化学、寻味之旅

10月

菊花：花色受花色素苷（红）、类胡萝卜素（黄）的影响。花香来自蒎烯、萜烯醇、樟脑。

白萝卜：生吃时的辣味来自异氰酸烯丙酯。

胡萝卜：红色来自胡萝卜素。

红薯：甜味来自蔗糖、果糖等糖类物质，黄色来自胡萝卜素。

本月的化学家

开辟出"前线"的人

10月21日是瑞典科学家、技术家诺贝尔出生的日子。诺贝尔去世前立下遗嘱，将发明炸药所得的收益，用来设立物理学奖、化学奖、生理学或医学奖、文学奖，以及和平奖。

福井谦一

毕业于京都大学工学部工业化学系，1951年他成为该大学工学部教授。1952年，他在美国物理学会刊行的《化学物理杂志》上发表了"前线分子轨道理论"。

1918.10.4 ~ 1998.1.9

正面

背面

诺贝尔奖的奖章直径约6cm，用黄金制成。奖章正面是诺贝尔的侧脸和生卒年份。物理学奖章、化学奖章背面刻绘着揭开女神面纱的科学天才的形象，和"用发明改善生活"这句诗，此外还刻有获奖人的姓名。

1931年 卡罗瑟斯（美国）发明合成橡胶

1931年 尤斯基（美国）发现宇宙的无线电波

1931年 尤里（美国）发现氘（比普通的氢质量数为1的氢更重的氢的同位素）

1932年 查德威克（英国）发现中子

1932年 海森堡（德国）阐明原子核的结构

1932年 安德森（美国）发现正电子

1933年 美国实施TVA（田纳西河流域管理局）计划

1934年 伊雷娜·约里奥-居里夫妇（法国）发现人工放射性

1935年 汤川秀树提出介子论，预言在质子和电子之间，都存在有质量的介子

1935年 沃森-瓦特（英国）发明雷达

1935年 多马克（德国）研究出世界上第一种磺胺类药物，并发表研究结果

1935年 德林格（美国）发现大阳耀斑导致的电波

1935年 斯田利（美国）首次获得病毒结晶体

1936年 奥巴林（苏联）出版《地球上生命的起源》提出大阳轮气发动机

1936年 中国全面抗战开始

1937年 惠特尔（英国）发明喷气轮气发动机

1937年 赛格雷、佩里埃（意大利）发现了人工元素锝

1937年 库恩（德国）合成维生素A

24

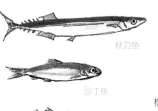
秋刀鱼

沙丁鱼

虾虎鱼

栗子

橡果：含有
大量淀粉。

麻栎果实

青冈果实

栎树果实

银杏果

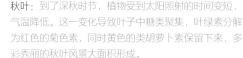
秋叶：到了深秋时节，植物受到太阳照射的时间变短，
气温降低。这一变化导致叶子中糖类聚集，叶绿素分解
为红色的菊色素，同时黄色的类胡萝卜素保留下来，多
彩秀丽的秋叶风景大面积形成。

此后，颁发诺贝尔奖的制度确立下来。10 月 4 日出生的京都大学教授福井谦一在 1981 年荣获诺贝尔化学奖。

福井教授在他 34 岁时，发现在化学反应中起到重要作用的，是分子中有电子的能量最高的轨道，和没有电子的能量最低的轨道，并通过计算证明。

他将这类轨道命名为"前线轨道"。在这一研究成果发表了 29 年后，即福井教授获得诺贝尔奖时，他说："为消除资源和能源的匮乏，谋得地球的真正和平，化学扮演着重要的角色。也正是工作在化学领域最前线的优秀人才们，辨别出什么是有益的，什么是有害的。"他的这一经典发言激励了无数年轻人。

出生在 10 月的科学家

2 日　P.J. 耶尔姆（1746，瑞典）研究元素 Mo（钼）
3 日　F.G. 贝内迪克特（1870，美国）发明热量计和肺活量计
4 日　福井谦一（1918，日本）独创前线轨道理论
5 日　P. 雅各布森（1859，德国）主持编辑《拜尔施泰因有机化学手册》
7 日　N.H.D. 玻尔（1885，丹麦）研究原子
8 日　H.L. 勒夏特列（1850，法国）研究化学平衡
8 日　池田菊苗（1864，日本）研究谷氨酸钠
9 日　H.E. 费歇尔（1852，德国）研究葡萄糖等物质
10 日　H. 卡文迪什（1731，英国）天才的先驱化学家
11 日　F.K.R. 贝吉乌斯（1884，德国）用煤生产液体燃料
12 日　J.P. 库克（1827，美国）测定原子量，进行化学教育
13 日　O. 翁弗多尔本（1806，德国）发现苯胺
14 日　N.T. 索叙尔（1767，瑞士）研究植物的生长
15 日　E. 托里拆利（1608，意大利）测量大气压等
16 日　J.G. 祖尔策（1720，德国）发现接触电效应
16 日　团胜磨（1904，日本）研究海胆卵
17 日　P. 格拉斯霍夫（1904，比利时）流体力学的研究者
18 日　C.F. 舍恩拜因（1799，德国）发现 O_3（臭氧）
19 日　R. 塞弗特（1861，德国）研究水杨酸的合成
20 日　J. 查德威克（1891，英国）发现中子
21 日　A.B. 诺贝尔（1833，瑞典）发明炸药
22 日　C.J. 戴维森（1881，美国）研究电子的波动性
23 日　G.N. 刘易斯（1875，美国）研究化学热力学、酸的概念
24 日　H.W.B. 罗泽博姆（1854，荷兰）研究相平衡
25 日　S.H. 施瓦贝（1789，德国）将太阳黑子现象绘图
25 日　P.E.M. 贝特洛（1827，法国）研究有机合成
26 日　T.M. 劳里（1874，英国）物理化学家、科学史家
27 日　O. 维赫特莱（1913，捷克）发明软性隐形眼镜的材料
28 日　C.K. 英戈尔德（1893，英国）开创了有机化学的电子理论
29 日　藤原咲平（1884，日本）气象学家，研究并独创双台风效应
30 日　H. 克利安尼（1855，德国）研究糖和配糖体
31 日　J.F.W.A. 贝耶尔（1835，德国）合成、研究染料

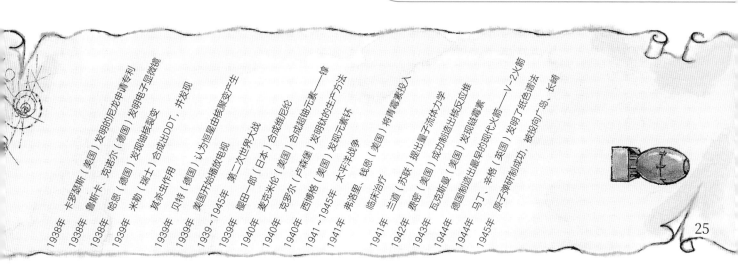

1938年　卡罗瑟斯（美国）发明的尼龙申请专利
1938年　鲁斯卡、克诺尔（德国）发明电子显微镜
1938年　哈恩（德国）发现铀核裂变
1939年　米勒（瑞士）合成出DDT，并发现其杀虫作用
1939年　贝特（德国）美国开始播放电视
1939～1945年　第二次世界大战
1940年　樱田一郎（日本）认为恒星由核聚变产生
1940年　麦克米伦（美国）合成镎
1940年　尼罗尔（卢瑟福）合成超铀元素——锝
1941～1945年　西博格（美国）发现钚的生产方法
1941年　弗洛里、钱恩（美国）发现锔元素称 太平洋战争
1941年　临床治疗 将青霉素投入
1942年　兰道（苏联）提出量子流体力学
1943年　费恩（美国）成功制造出核反应堆
1944年　瓦克斯曼（美国）发现链霉素 德国制造出世界最早的现代火箭——V-2火箭
1945年　马丁、辛格（英国）发明了纸色谱法
　　　　（原子弹研制成功，被投向广岛、长崎）

25

花中化学、寻味之旅

菠菜：富含草酸、皂苷、铁元素等成分。

洋葱：我们会被洋葱辣到眼睛，是因为洋葱中含有大蒜素。

大葱：煮后味道会变柔和，是因为大葱含有的烯丙基丙基二硫醚转化为丙硫醇。洋葱也具有相同特点。

出生在 11 月的科学家

1 日　R.E. 利泽冈（1869，德国）研究胶体的化学家
2 日　J.A.B. 比耶克内斯（1897，美国）气象学家
4 日　J. 罗特布拉特（1908，波兰、英国）物理学家
5 日　P. 萨瓦蒂耶尔（1854，法国）研究催化合成法
6 日　K. 戈尔德施泰因（1878，德国）神经病理学家
7 日　玛丽·居里（1867，法国）发现了元素 Ra（镭）、Po（钋）并进行了深入研究
8 日　J.R. 里德伯（1854，瑞典）研究元素光谱
9 日　V.N. 伊帕契夫（1867，美国）研究高压合成化学
10 日　A.M. 德·里奥（1764，西班牙）矿物学家、化学家
11 日　R.M. 法诺（1917，美国）计算机科学家
12 日　J.A.C. 查理（1746，法国）发现气体膨胀定律
13 日　E.A. 多伊西（1893，美国）发现维生素 K_1
14 日　A. 洛朗（1807，法国）带有悲剧色彩的有机化学家
14 日　F.G. 班廷（1891，加拿大）发现胰岛素
15 日　宇都宫三郎（1834，日本）制造出日本最早的水泥砖
15 日　W. 赫舍尔（1738，英国）天文学家
16 日　J.H. 希尔德布兰德（1881，美国）物理化学家、分析化学家
17 日　N. 勒默里（1645，法国）化学家、医生
18 日　P.M.S. 布莱克特（1897，英国）宇宙射线研究专家
19 日　J.B. 萨姆纳（1887，美国）研究结晶酶
20 日　O. 居里克（1602，德国）发明空气泵等
21 日　H.T. 里希特（1824，德国）发现元素 In（铟）
22 日　L.E.F. 尼尔（1904，法国）研究磁学
23 日　H.G.J. 莫斯利（1887，英国）原子物理学家
24 日　F.T. 特鲁顿（1863，英国）研究蒸发
25 日　李政道（1926，中国）研究基本粒子
26 日　K. 齐格勒（1898，德国）合成高分子化合物，开发催化剂
27 日　A. 摄尔西乌斯（1701，瑞典）发明摄氏温标
28 日　寺田寅彦（1878，日本）研究波动、间歇泉、爆炸等
29 日　A.E. 莫尼斯（1874，葡萄牙）精神医学家
30 日　S. 坦南特（1761，英国）研究金刚石

本 月 的 化 学 家

科学家家族

皮埃尔·居里和玛丽·居里在"像马棚和堆放土豆的仓库"（奥斯特瓦尔德 * 曾说过）那样简陋的实验室内，于 1898 年，从载满两辆卡车的矿石渣中，提取了仅有挖耳勺大小的一小勺具有放射性的镭。取得这一发现的居里夫妇二人，获得了 1903 年的诺贝尔物理学奖。

1906 年，皮埃尔被马车撞上，不幸身亡，玛丽·居里强忍悲痛继续研究，随后凭借在化学领域的突出建树，在 1911 年又获得了诺贝尔化学奖。

* F.W. 奥斯特瓦尔德（1853.9.2 ～ 1932.4.4），德国物理化学家、哲学家。

皮埃尔·居里

法国物理学家。他出生于巴黎一个医生家庭，1895 年与玛丽结婚，随后夫妇二人携手投身于放射性物质的研究。

1859.5.15 ～ 1906.4.19
Pierre Curie

1946年　使用真空管的电子计算机ENIAC在美国问世
1946年　布洛赫（瑞士）发现核磁共振现象
1947年　朝永振一郎（日本）提出重整化理论
1948年　肖克莱、巴丁、布喇顿（美国）发明晶体管
1949年　雷佩（德国）建立乙炔的高压合成化学
1949年　　　　　研究领域
1949年　汤川秀树获得诺贝尔物理学奖（日本）
1950年　日本实施实施碘气溶胶的实验
1950年　自动化技术开始发展
1951年　美国进行核聚变发展
1951年　日本开始生产氢氟氯聚乙烯塑料
1952年　美国进行聚氯乙烯破坏实验
1952年　齐格勒（德国）在低压下合成出聚乙烯
1953年　沃森、克里克（美国）发表DNA的双螺旋结构模型
1953年　英国人成功攀登珠穆朗玛峰
1953年　日本NHK电视台开播
1954年　汤斯等人（美国）开发出微波激射器
1954年　较弱的微波放大并发射的设备
1954年　齐格勒（德国）开发聚乙烯的应用
1954年　后藤英一（日本）发明参变管
1955年　鹦鹉螺号核动力潜艇服役（美国）
1955年　霍尔（美国）合成出人造金刚石

柿子：晒干后，鞣酸、柿涩酚不再溶于水，便可以尝出满满的甜味。

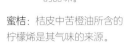

蜜桔：桔皮中苦橙油所含的柠檬烯是其气味的来源。

乌鸦

麻雀

伯劳

柚子：香气和味道来自枯茗醇、百里香酚、甲酸香茅酯等成分。

茶：香气来自青叶醇、芳樟醇，味道来自己烯醛、鞣酸。

玛丽的大女儿伊雷娜与她的丈夫约里奥一起发现了人工放射性，两人于 1935 年获诺贝尔化学奖。

玛丽·居里
出生于波兰华沙的化学家、物理学家。她继承了丈夫的遗志，担任巴黎大学的物理系教授。
1867.11.7 ~ 1934.7.4
Marie Curie

如前文所述，居里一家人都是出色的科学家，当时还没有其他人涉足放射性物质的研究领域，他们是名副其实的先驱。不幸的是，玛丽和伊雷娜母女都因为辐射的影响，患白血病去世。

居里一家人饱受战争和政治压力的折磨，又遭受种族、民族差异的困扰，各式各样的问题接连不断，但他们依旧凭借着质朴、崇高的人格和坚强的意志继续生活、坚持研究。

他们希望，自己发现的放射性物质能够被用在促进人类和平的事业上。人们只要想到为科学献身的居里一家的事迹，都不由得深感敬佩。

伊雷娜·居里
1897.9.12 ~ 1956.3.16
Irène Joliot-Curie

约里奥-居里
1900.3.19 ~ 1958.8.14
Jean Frédéric Joliot-Curie

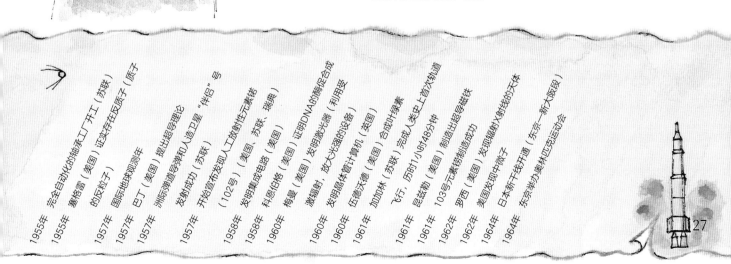

1955年 完全自动化的钢铁工厂开工（苏联）
1955年 塞格雷（美国）证实存在反质子（质子的反粒子）
1957年 国际地球观测年
1957年 巴丁（美国）提出超导理论
1957年 洲际弹道导弹和人造卫星"伴侣"号发射成功（苏联）
1957年 开始宣布发现人工放射性元素锘（102号）（美国、苏联、瑞典）
1958年 发明集成电路（美国）
1958年 科恩伯格（美国）证明DNA的酶促合成
1960年 梅曼（美国）发明激光器（利用受激辐射，放大光强的设备）
1960年 发明晶体管计算机（英国）
1961年 伍德（美国）合成叶绿素
1961年 加加林（苏联）完成人类史上首次轨道飞行，历时1小时48分钟
1962年 昆兹勒（美国）制造出超导磁铁
1962年 罗西（美国）发现宇宙X射线的天体
1964年 美国发明中微子
1964年 日本新干线开通（东京-新大阪段）东京举办奥林匹克运动会

27

12月

山药

猎户座

冰柱

茶梅花

野山药：除了含有淀粉、甘露聚糖、粘肽之外，还含有淀粉分解酶。

他的发明流芳百世
——来自中国的大发明家

很久以前的古埃及人、欧洲人、亚洲人分别在草的根茎、野兽皮、木头或竹子制成的薄板和绸缎上书写文字。

为了改善书写方式，人们发明了纸张。纸的制作方法是，将植物的皮和纤维浸在水中，晒干后捶打柔软，再加入胶，形成细小的孔格，最后压成薄薄的一层膜并烘干，用这种方法来脱水。这种制作方法与现在的基本相同，发明出这一方法的是中国人。

中国自古以来便是文化繁荣、科学技术发达的国家。源自中国的重要发明有火药、指南针等，其中最为重要的是纸。

1978 年 12 月，中国的考古团队探明，早在西汉时期（公元前 202 年～公元 8 年），中国已经制造出了纸张，而传闻纸的发明者是东汉时期（公元 25 年～公元 220 年）在皇宫中制造器具的蔡伦。

原来，纸张不是在前文所说的木板、绸缎阶段后就直接被发明制造出来，而是许多人前赴后继、不断钻研、不断改良后结出的硕果。

蔡伦

大约生活在公元 1 世纪中叶到公元 2 世纪初。他制造的纸，被称作蔡伦纸或者蔡侯纸。

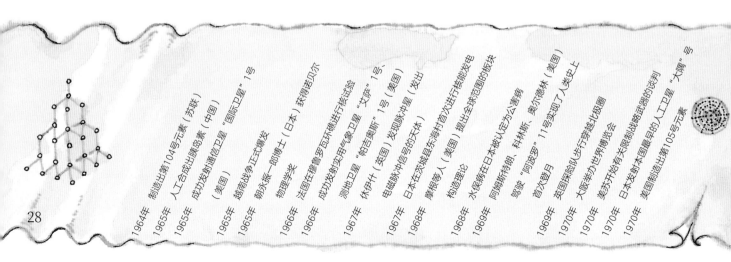

1964年 制造出第104号元素（苏联）
1965年 人工合成出胰岛素（中国）
1965年 成功发射通信卫星"国际卫星"1号（美国）
1965年 越南战争正式爆发
1965年 朝永振一郎博士（日本）获得诺贝尔物理学奖
1966年 法国在穆鲁罗瓦岛环礁进行核试验
1966年 成功发射实用气象卫星"艾萨"1号（美国）
1967年 测地卫星"帕吉奥斯"1号（美国）发出
1967年 脉冲信号的天体（英国）发现脉冲星
1968年 日本在茨城县东海村首次进行核能发电
1968年 摩根森人（美国）提出全球范围的板块构造理论
1969年 水俣病在日本被认定为公害病
1969年 驾驶"阿波罗"11号实现了人类史上首次登月
1970年 英国探险队步行穿越北极圈
1970年 大阪开始举办世界博览会
1970年 美苏开始有关限制战略武器的谈判
1970年 日本发射本国最早的人工卫星"大隅"号
1970年 美国制造出第105号元素

八角金盘

辣椒：红色来自辣椒红素、辣椒红玉素。辣味来自辣椒素。

芥末：辣味来自异硫氰酸烯丙酯。

化学小剧场

"原来海带的味道来自谷氨酸啊，这是池田菊苗博士研究出来的。"

"噢噢。"

"原来香菇的味道来自鸟苷酸，鲣鱼干味道来自肌苷酸。"

"嗯嗯。"

"因为它们都含有钠，所以这类化学调味料被称作谷氨酸钠（味精）、鸟苷酸钠、肌苷酸钠。"

"原来如此呐（钠）！"

在造纸的伟大过程中，蔡伦改善了纸张的制作方法，使纸质取得飞跃性的发展。他将做出的纸张呈给了当时的皇帝汉和帝。

蔡伦不仅掌握了高超的技术，在当时也备受人们的推崇、仰慕。

掌握技术、取得成就的人，如果遭到大家厌恶，终归会消失在时间的洪流中，被众人遗忘。

而只要提及造纸，人们就会满怀敬意地说出蔡伦的大名，说明蔡伦是一位兼备高超技术和高尚人格的伟大人物。在汉安帝执掌朝政时期，蔡伦被卷入宫中发生的变故，为了证明自己的清白，他服毒身亡，这一壮烈举动也可以佐证他的品性。

出生在 12 月的科学家

1 日 M.H. 克拉普罗特（1743，德国）发现元素 U（铀）
2 日 L. 克诺尔（1859，德国）合成退热药安替比林
3 日 R. 库恩（1900，德国）研究维生素 B_2、维生素 A
4 日 辻本满丸（1877，日本）从事动物油脂相关的研究
5 日 H.H. 朗道耳特（1831，德国）制作出化学数据库
5 日 A.J.W. 佐默费尔德（1868，德国）物理学家
6 日 J.L. 盖-吕萨克（1778，法国）研究气体反应
7 日 G.P. 柯伊伯（1905，荷兰、美国）天文学家
8 日 T.E. 索普（1845，英国）研究磷的化合物
9 日 K.W. 舍勒（1742，瑞典）在化学领域取得了许多成就
9 日 C.L. 贝托莱（1748，法国）实验化学的先驱
10 日 J.T. 安德森（1909，美国）生物化学家
11 日 R. 科赫（1843，德国）发现结核杆菌、霍乱弧菌
12 日 A. 维尔纳（1866，瑞士）研究配位化合物
13 日 E.W. 西门子（1816，德国）发明发电机、平炉
14 日 E.L. 塔特姆（1909，美国）研究基因和生物学
15 日 A.H. 贝克勒耳（1852，法国）发现放射性
15 日 M.H.F. 威尔金斯（1916，英国）研究 DNA 的 X 射线衍射
16 日 J.W. 里特尔（1776，德国）研究电化学
17 日 H. 戴维（1778，英国）研究一氧化二氮气体、元素 Cl（氯）等
17 日 W.F. 利比（1908，美国）研究放射性碳
19 日 A.A. 迈克耳孙（1852，美国）研究光学
21 日 T. 格雷姆（1805，英国）胶体化学的鼻祖
22 日 V.V. 马尔科夫尼科夫（1838，俄国）提出有机反应的电子效应
22 日 高峰让吉（1854，日本）结晶出肾上腺素等
23 日 A.F. 克龙斯泰特（1722，瑞典）发现元素 Ni（镍）
23 日 W. 希辛格（1766，瑞典）化学家、矿物学家
24 日 J.P.L.J. 埃尔斯特（1854，德国）研究放射性物质
25 日 A. 温道斯（1876，德国）研究维生素 D
26 日 E.F.I. 霍佩·赛勒（1825，德国）生物化学家
27 日 L. 巴斯德（1822，法国）化学家、微生物学家
29 日 C. 古德伊尔（1800，美国）研究橡胶的改良
30 日 J. 米尔恩（1850，英国）发明地震仪
31 日 A. 维萨里（1514，比利时）近代解剖学鼻祖

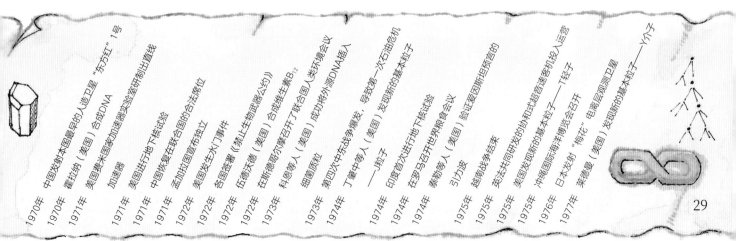

1970年 中国发射本国最早的人造卫星"东方红"1号
1970年 霍拉纳（美国）合成DNA
1971年 美国费米国家加速器实验室研制出直线加速器
1971年 美国进行地下核试验
1971年 中国恢复在联合国的合法席位
1972年 孟加拉国宣布独立
1972年 美国发生水门事件
1972年 各国签署《禁止生物武器公约》
1972年 伍德等（美国）合成维生素B₁₂
1973年 在斯德哥尔摩召开了联合国人类环境会议
1973年 科恩等（美国）成功将外源DNA插入细菌质粒
1974年 第四次中东战争爆发，导致第一次石油危机
1974年 丁肇中等（美国）发现新的基本粒子——J粒子
1974年 印度首次进行地下核试验
1974年 在罗马召开世界粮食会议
1975年 裴勒等（美国）验证基因即可编码召开
1975年 越南战争结束
1975年 英达共同研发的协和号超音速客机投入运营
1975年 美国发现新的基本粒子——τ轻子
1976年 冲绳国际海洋博览会召开
1976年 日本发射"梅花"电离层观测卫星
1977年 莱德曼（美国）发现新的基本粒子——γ分子

29

花中化学、寻味之旅

牡蛎：冬天的牡蛎富含糖原、维生素 A、B$_1$、B$_2$。

河豚：内脏器官中含有名为河豚毒素的剧毒物质。

酱油：味道来自谷氨酸等氨基酸。

白葡萄酒

本月取得的化学成就

在圣诞夜为孩子们
讲述化学故事的人

12月是一年当中最后一个月份。人们或感觉到漫长，或感觉到苦涩，或感觉到美好，大家都会一边回顾这一年，一边静静地思考来年将如何奋斗进取。就在这样的冬夜，正逢圣诞节的夜晚，不如告诉大家一个给许多孩子留下绝妙礼物的化学家的故事吧。

大家知道铁匠铺吗？就是制造马蹄铁和锄头、镰刀等铁器的地方，这些地方可以说是城镇上的小型铁厂。

本章故事的主人公法拉第就出生于一个经营铁匠铺的家庭。13 岁的他小学毕业后，就开始了书店店员的工作。此后只要一有时间，他便悄悄地阅读起与化学和电相关的书籍，而且他十分热衷于将阅读到的内容，用实验展现出来。

法拉第将自己做的实验做了笔记，整齐地编纂成册，视若珍宝。书店的老板得知此事，对他非常敬佩，邀请他参加自己的熟人——英国皇家学会会长戴维老师的演讲会。法拉第听完这个演讲，十分激动，请求书店老板让自己担任戴维老师的助手。这是他 22 岁时的际

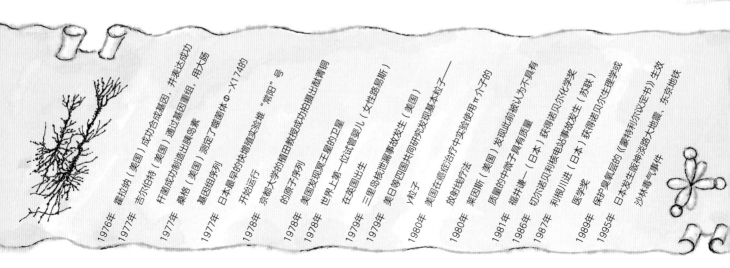

1976年 霍拉纳（美国）成功合成基因，并表达成功

1977年 吉尔伯特（美国）通过基因重组，用大肠

1977年 杆菌成功制造出胰岛素

1977年 桑格（美国）测定了噬菌体 Φ-X174的基因组序列

1978年 日本最早的快婚提实验堆"常阳"号开始运行

1978年 京都大学的植田教授成功用眼睛出胚胎的原子序列

1978年 美国诞生世界上第一位试管婴儿

1979年 在英国出生三里岛核泄漏事故发生（美国）

1979年 美国第四国共同研究发现基本粒子——（女性路易斯）

1980年 γ粒子 美国在德正治疗中实验使用π介子的放射线疗法

1980年 莱因斯（美国）发现此前被认为不具有质量的中微子具有质量

1981年 福井谦一（日本）获得诺贝尔化学奖

1986年 切尔诺贝利核电站事故发生（苏联）

1987年 利根川进（日本）获得诺贝尔生理学或医学奖

1989年 保护臭氧层的《蒙特利尔议定书》生效

1995年 日本发生阪神淡路大地震、东京地铁沙林毒气事件

56

雪兔

大蒜：气味和味道来自烯丙基硫醚。

胡椒：气味和味道来自胡椒碱、胡椒脂碱。

烧卖
饺子

咖啡：拥有 580 种以上带有气味的成分，气味主要来自呋喃类和噻吩类物质。

一品红：红色来自天竺葵色素。

法拉第
1791.9.22 ～ 1867.8.25
Michael Faraday

* 虽然被译作《蜡烛的化学》，但原书标题是《蜡烛的化学史》。

遇。工作积极又十分好学的法拉第，在戴维老师辞职后，出任皇家研究所实验室主任，接连取得了重要发现和重大研究成果。

没有孩子的法拉第还记得自己童年在书店读书的点点滴滴，也深切明白，一位明师的话语会带给孩子们多少希望和勇气。

所以，已经成为出色学者的法拉第，仍会在每年的圣诞节这一天，用深入浅出的故事为孩子们讲述科学知识，寓教于乐。

记录下这些的是一本名为《蜡烛的化学》* 的书。这本书自从 1860 年出版以来就广受好评，直到现在，它仍在世界范围内拥有许多读者，闪耀着知识的光芒，是一本非常经典的著作。

化学小剧场

1日元　5日元　10日元　50日元 100日元 500日元

Al　Cu·Zn　Cu·Zn·Sn　Cu·Ni

太郎把好不容易赚到的钱弄丢了，于是他拿着磁铁开始找。在上图所示的硬币中，如果像太郎那样去做，能够被磁铁吸住的硬币是哪个呢？

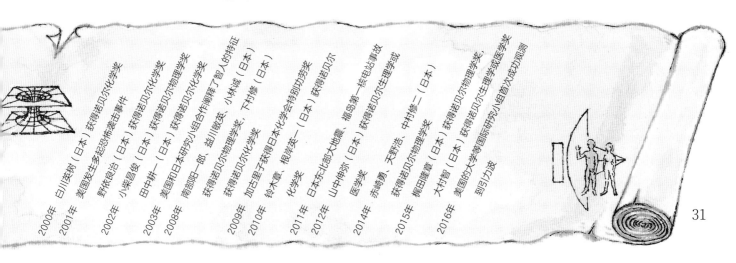

2000年 白川英树（日本）获得诺贝尔化学奖
2001年 美国发生多起恐怖袭击事件
2002年 野依良治（日本）获得诺贝尔化学奖　小柴昌俊（日本）获得诺贝尔物理学奖
2003年 田中耕一（日本）获得诺贝尔化学奖
2008年 美国和日本研究小组合作阐释了智人的特征　南部阳一郎、益川敏英、小林诚（日本）获得诺贝尔物理学奖　下村修（日本）获得诺贝尔化学奖
2009年 加古里子更新了获得诺贝尔化学奖
2010年 铃木章、根岸英一（日本）获得诺贝尔化学奖会特别恶劣
2011年 日本东北部大地震，福岛第一核电站事故
2012年 山中伸弥（日本）获得诺贝尔生理学或医学奖
2014年 赤崎勇、天野浩、中村修二（日本）获得诺贝尔物理学奖
2015年 大村智、梶田隆章（日本）获得诺贝尔生理学或医学奖或物理学奖
2016年 美国等大学等国际研究小组首次成功观测到引力波

● 后记

本书是 33 年前的昭和五十七年（1982 年），在日本化学会的建议下，我创作的面向日本孩子的化学图书。本书是出版的 6 册系列图书中的第 6 本。这 6 本图书的书名详情如下。

1 原子的冒险
2 元素学校
3 不可思议的化学大马戏团
4 大家的生命 生活的化学
5 辽阔的世界 化学的未来
6 光辉的岁月 化学的月历

本书得到时任日本化学会会长的斋藤信房教授、大木道则（东京大学）、奥野久辉（立教大学）、佐藤菊正（横滨国立大学）、小俣靖（味之素中央研究所）、大岛泰郎（三菱化成）、山本充昭（日本化学会）等多位学者的建议。本书的完成尤其归功于积极推动本书创作的内田安三老师（东京大学）、铃木杏一（昭和电工株式会社）的"不择手段"，以及本人向来敬重的好友向山光昭老师（东京大学）的"强迫"。

此外本书在永井洋一郎（群马大学）、杵渕政明（科学博物馆）、佐野博敏（都立大学）、岛武男（帝人株式会社）、田中保雄（日本化学工业协会）、诸冈良彦（东京工业大学）、浜田博（日本化学会）等诸位学者的热心支持以及温馨鼓励下，才能够顺利完成。编辑、出版时我还得到了日野林和雄（偕成社编辑部）、今村广（社长）的理解和极大帮助。

本次再版补充了第一版成书之后的"科学年表、科学的历史"，并且变更了书名，也为了能够更加贴近大众进行了修订。本人希望能够将上述各位前辈的热忱与心血传递给各位读者，所以写了这篇后记。

※（ ）内的单位都是当时的情况。

加古里子
2015 年

● 作者简介

加古里子，日本绘本作家、工学博士、化学工程师，1926 年出生于福井县武生市，1948 年毕业于东京大学应用化学专业。他创作了 500 多部作品，被誉为"科学绘本之父"。代表作品有《乌鸦面包店》《地球》《河川》等。他曾获得日本产经儿童出版文化奖、日本科学读物奖、菊池宽奖等各大奖项。

图书在版编目（CIP）数据

化学家月历：加古里子的化学趣史 / (日) 加古里
子著；高远译. —— 北京 : 中国友谊出版公司, 2021.1
ISBN 978-7-5057-5103-3

Ⅰ. ①化… Ⅱ. ①加… ②高… Ⅲ. ①化学史 Ⅳ.
①O6-09

中国版本图书馆CIP数据核字(2021)第015534号

著作权合同登记号：图字01-2021-0116

Sekai no Kagakusha 12 kagetsu - E de Miru Kagaku no Rekishi
Copyright © 1982, 2016 by Satoshi Kako
First published in Japan in 1982 and republished in 2016 in this edition
by KAISEI-SHA Publishing Co., Ltd., Tokyo
Simplified Chinese translation rights arranged with KAISEI-SHA
Publishing Co., Ltd.
through Japan Foreign-Rights Centre/ Bardon-Chinese Media Agency

本书中文简体版版权归属于银杏树下（北京）图书有限责任公司

书　　名	化学家月历：加古里子的化学趣史
著　　者	［日］加古里子
译　　者	高　远
责任编辑	陈利辉
营销推广	ONEBOOK
装帧制造	墨白空间·唐志永
经　　销	新华书店
出版发行	中国友谊出版公司
	北京市朝阳区西坝河南里 17 号楼
	邮编 100028 电话（010）64678009
印　　刷	北京盛通印刷股份有限公司
规　　格	889×1194 毫米　16 开
	2 印张　53 千字
版　　次	2021 年 3 月第 1 版
印　　次	2021 年 3 月第 1 次印刷
书　　号	ISBN 978-7-5057-5103-3
定　　价	49.80 元

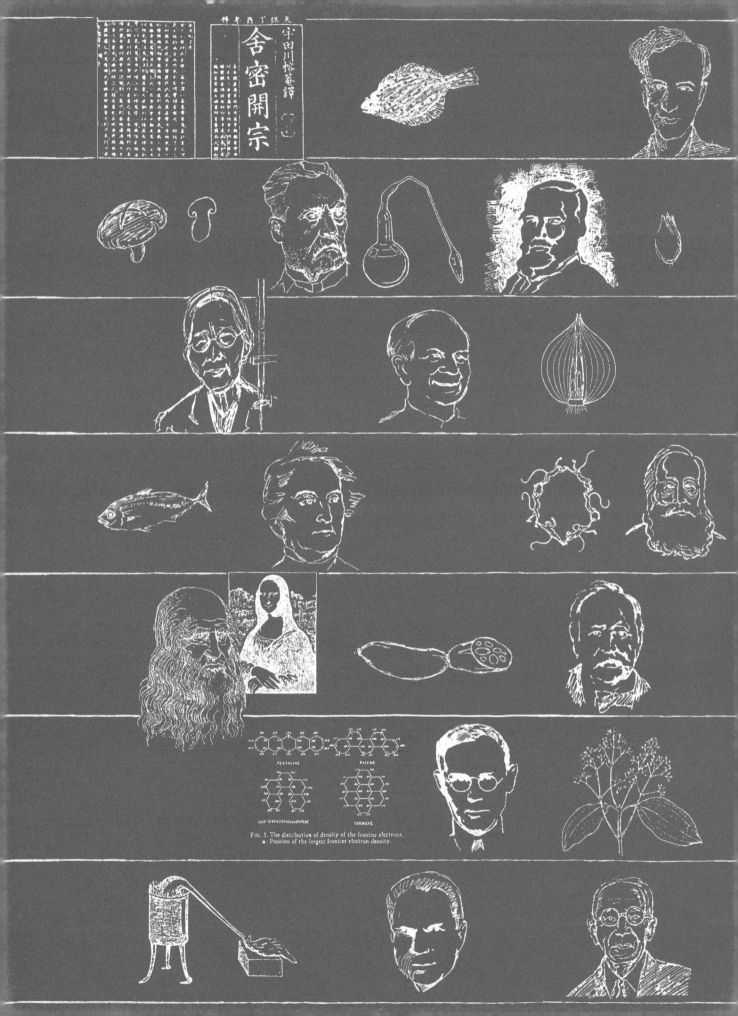

FIG. 1. The distribution of density of the frontier electrons.
●: Position of the largest frontier electron density.